黃師傅教你簡單做西餐

黃金生・倪維亞◎著

旅遊節目中的極品西餐總令人食指大動！
品味人生的你，是否也想做出讓人直呼「好幸福～」的西式佳餚？
黃師傅教你掌握 3 大西餐決勝點 ——

1 聰明選購的香料食材
2 職業水準的烹調密技
3 妙趣橫生的賞味絕招

人氣名菜輕鬆做　你家就是洋食館

認真做西餐的喜悅

　　黃金生師傅在西餐的職場上工作了四十二年，經驗豐富。他曾應輔仁大學民生學院邀請，參與西餐烹飪班教師的工作，教學時很認真，對學生非常照顧，並且盡心地不斷嘗試，將西餐改造成為國人欣喜接受的風味。我鼓勵他將經驗傳承，黃師傅說到做到，短短三個月內就將此書編寫出來，由此亦可見他對西餐教學的熱忱。

　　本書另一位作者倪維亞先生，在就讀研究所時對編著食譜叢書嶄露興趣，因此也投入了本書的餐飲烹調工作。過程中兩位作者不時針對食譜內容做討論，激盪出不少創意點子與烹調技巧，相信讀者使用本書的時候也能感受到他們的用心。

　　我相信此書的出版將可使讀者在製作西餐時，對食材的挑選、切割、製作與裝飾有很好的依循，而做出讓親朋好友心滿意足的佳餚。本人極力推薦這本【黃師傅教你簡單做西餐】，希望大家一起來體驗西式餐點的樂趣！

稻江科技暨管理學院校長
黃韶顏

西餐 —— 一種可親的藝術

　　西餐對我來說，是一項迷人的興趣。它多變的食材與呈現手法，讓菜餚有如藝術品般誘惑著人們的感官，這也是為什麼大家會對西餐如此著迷的原因。

　　做料理不僅能滿足口腹之慾，更成為我們體驗這大千世界的一個途徑。也許就在你閱讀這篇序的同時，風光明媚的法國南部，某個廚房裡也正烹煮著一鍋西式料理呢！

　　某些流傳至今的特色西菜，說穿了就是人們結合地方物產而創的食譜。比如說廣受歡迎的馬賽鮮魚湯，即是用馬賽盛產的魚貝類和番茄等一起煮成的大雜燴魚湯。

　　今日全球貿易往來熱絡，在台灣只要走進超市或大賣場，不難找到義大利麵條、法國乳酪、西班牙酒醋……等等西方食材。既然材料取得容易，喜歡西餐的朋友們，何不在家試著做出媲美高級西餐廳的料理？而且你還可依照個人偏好烹調出最「速配」的口味！

　　由於在西餐界工作多年，我十分盼望能將西餐的技藝發揚光大，讓大多數民眾能以簡易的方法操作，烹調出符合國人口味的料理，豐富家人的飲食生活。

　　本書分類明確，完整呈現西式套餐中的前菜、主菜、主食、甜點、飲料、醬汁等章節，以「淺顯易懂 → 容易操作 → 營養美味」為主旨，希望購買此書的各位能親身體驗，享受美味的西餐！

黃金生　謹誌

如何使用本書 >>
加入「FUN西餐」的行列！

Hi！各位喜歡自製異國料理的讀者——

當你觀賞旅遊節目、或瀏覽餐館menu上琳瑯滿目的歐式美食，忍不住食指大動之際，是否也想親手做出讓親友直呼「好幸福～～」的西餐呢？

然而，你知道何謂「西餐決勝點」嗎？

其實從你懷著好奇心，大膽嘗試烹調的那一刻起，你已朝成功邁出了第一步。

黃師傅編製這本食譜的初衷，就是要助你掌握3大「西餐決勝點」——

1. 聰明選購的香料食材
2. 職業水準的烹調密技
3. 妙趣橫生的賞味絕招

書中囊括了完整的西式套餐應具備的：開胃菜、主菜、甜點、飲料等類別，在編寫每道餐飲時，皆以「初學者亦可一目瞭然」為原則，不但【材料】用量清楚、烹調【步驟】簡單明確，某些地方更搭配【動作分解圖】方便你實際操作；並增設【美味小魔法】、【洋食筆記簿】兩個小單元，延伸解說食材搭配的技巧、選材方面可以怎樣變通、美食的趣味源流……等知識，相信你不必千里迢迢飄洋過海，就能從自家廚房變化出置身歐洲般道地的美食風情～～動手做做看，西餐好簡單！

計量單位測量及換算

★1大匙、1小匙、1/2小匙、1/4小匙：標準量匙是將四個不同的尺寸的量匙串在一起，通常液態或粉末狀的材料（例如：白酒醋、鹽巴等），可利用它來計量。但須注意粉末狀材料需與量匙平齊，如遇1/8小匙則取1/4小匙的一半即可。

★1大匙＝1湯匙＝15cc

★1小匙＝1茶匙＝5cc

★1斤＝16兩＝600公克

★1兩＝37.5公克

★1盎司＝31公克

★1磅＝454公克

● 食譜寫真：不只美味與健康，享用西餐的樂趣，更在於悠然進食中迸現的小小驚喜！

● 食譜中英文名

● 材料：製作這道西餐需準備的香料、食材品項。我們以實際數字標明用量，方便初學者拿捏運用，當然你更可評估個人喜好斟酌使用。

■■ 森林主菜──豬排

Let's cooking

蘋果燴豬排
Roti De Porc Au Pomme

a

b

c

■■ 材料
蘋果 ˮKˮKˮKˮKˮK 1/2粒
豬里肌 ˮKˮKˮKˮK 150公克

■■ 調味料
鹽 ˮKˮKˮKˮKˮK 1/8小匙
黑胡椒粗粒粉 ˮK1/4小匙
肉汁（作法請參考 P.124）

■■ 作法
1 蘋果切除蒂頭及芯（圖 a），用肉汁燴15分鐘，一邊將肉汁澆淋其上，燴至鍋鏟輕壓下會出現壓痕的軟度（圖 b）。
2 豬里肌用肉鎚拍打（圖 c），然後灑上鹽、黑胡椒粗粒粉醃15分鐘。
3 用平底鍋把豬排煎至褐色。
4 豬排擺盤，再將燴好之蘋果肉汁澆淋在豬排上。
5 旁邊用副主食及蔬菜搭配裝飾。

美味小魔法
★若里肌肉太厚的話，可先用刀背的地方，輕輕敲打剛才煎好的豬排，以增加豬排軟嫩的口感，不但敲打的肉通常都不容易刺破，而且吃起來也比較軟。

About ...
蘋果
有句西方諺語：「一天一蘋果，醫生遠離我」，蘋果不僅能促進消化和保護齒齦，還能幫助身體排除多餘水分。製造年輕的肌膚細胞，還有消除疲勞。在這道食譜中，它讓豬排肉質更加細嫩滑，而且汁溢著果香與酸甜。

● 動作分解圖：師傅親自示範，幫助你更加瞭解食材的處理方式。

● 步驟：按照順序一一處理，讓洋食變成你的拿手好菜！

● 美味小魔法：肉類如何挑精揀肥？什麼香料最對味？第一刀要從哪切……？料理零失誤絕活大公開！

● 洋食筆記簿：「威靈頓牛排」、「海鮮巧達湯」……這些在西餐廳華麗登場的菜色，你知道它們成為經典名菜的魅力何在嗎？

Contents
目錄

Part 1
喚醒味蕾的──前菜
開胃沙拉＆湯品

開胃沙拉

雅致湯品

Part *2*
展露廚藝的——主菜
森林&海洋的恩賜

Content
目錄

Part 3
變化巧妙的穀類──主食
義大利麵、米飯&三明治

Part 4
令人期待的——附餐
甜點&飲料

Part 5
相得益彰的——醬汁
製備九種佐餐醬汁

台灣香料分布圖

（地圖標示：台北、桃園、新竹、苗栗、台中、宜蘭、花蓮、南投）

● 匈牙利紅椒粉（Paprika）

氣味香甜不辣，含有豐富的維生素A、C，可用於食品調色裝飾或調味，一般用於肉類之浸泡液中，或撒在點心、馬鈴薯片、焗蛋薯片上面。

● 黑胡椒粉、粒（Black Pepper Powder）

黑胡椒是未成熟的胡椒果實經醱酵後再曬乾製成，帶有濃重的芳香與辛辣味，比白胡椒辣。適用於醃漬肉類、調味汁、牛排、湯品。

● 百里香葉（thyme leaves）

法國料理必備的香料，具獨特香甜荤菜味，適用於燒烤雞、魚肉類及羅宋湯、蔬菜湯等。百里香盆栽可於各大花市購得，乾品在超市就能找到。

● 鬱金香（Curcuma longa）

根莖磨成粉後可作咖哩粉的著色劑，並非觀賞用的鬱金香，味道辛辣，帶點溫和的胡椒、麝香、甜橙香與薑的混合氣味。適合醃漬食物，調配芥末醬、法式沙拉醬。

● 凱莉茴香（Caraway seeds）

又名葛縷子，有特殊辛香味，與蔬果共食會散發淡淡檸檬香。原產於歐洲、亞洲及北非，有助於虛弱婦女恢復生理機能。主要用於香腸、肉品加工及燕麥麵包。

● 荳蔻粉（Nutmeg ground）

少量即可突顯出食物的風味，並能促進胃腸蠕動，但有些人較不易接受它濃烈的香氣。印度及阿拉伯人常把荳蔻加入奶油濃湯的菜餚或羊肉料理中，一般也常加入甜甜圈、布丁，亦適合製作肉丸、燉牛腩、炸雞或魚、肉加工品。

● 白胡椒粉、粒（White Pepper Powder）

白胡椒則是將成熟果實浸泡於水中，待去除外皮後曬乾燥，胡椒粒遂由灰色轉變成為乳白色。常用於調味汁、醃漬肉類等品。胡椒粉則適合加入酸辣湯等湯品。

羅勒、巴西里、迷迭香、

● 香芹粉
（Celery powder）

產於北印度、北美、北非，使用於湯類、蛋類、調味汁、沙拉、醃漬物及番茄醬以及海鮮、燉肉中，香味強而且持久。許多使用新鮮芹菜之菜餚可用香芹粉取代。

● 巴西利（Parsley）

又稱洋香菜，具清新草香，富含維生素C及鐵質。可用作調味及裝飾，常加入雞湯、蔬菜湯中可增加色彩。適用於填塞魚、肉等，搭配生菜沙拉亦佳。超市可買到罐裝乾燥碎葉，果菜市場則可買新鮮葉片。

● 香蒜粉
（Garlic powder）

辛辣芳香，可完全代替新鮮蒜頭，可去除魚肉腥味、製作西式濃湯、沙拉、義大利麵、牛排醬、蒜泥佐料時很方便實用。

● 義大利香料
（Italian seasoning）

最早是由拿坡里地區調配的綜合香料，含有羅勒、巴西里、迷迭香、蒜粒等。特別適合為主的義大利料理，亦可用於番茄為主的湯品、肉類或沙拉。

台東

嘉義

台南

高雄

屏東

● 羅勒（Basil leaves）

古希臘人視它為香料之王，氣味特殊，十步之內就可聞到！且富含維生素A、C、鈣、磷等營養素，尤其適合搭配流行義大利麵、番茄炒蛋等。台灣常見的羅勒品種即是九層塔。

● 黃芥末粉
（Mustard power）

完整的芥末種籽並無香味，研磨成粉就變得嗆辣起來！適合調配沙拉醬、沾醬、漢堡或三明治佐醬。它適合許多根莖類蔬菜都很對味，但加熱會削弱芥末粉的風味，所以等料理快完成時再加入。

● 小茴香子
（Cumin seeds）

具有溫暖怡人的獨特香味、中東人常用於烤羊肉串，若用來調理馬鈴薯、雞肉等沙拉醬或烤肉類，牛肉湯也極佳，並且能幫助消化，預防便秘與腹痛。

● 大茴香子（Anise seeds）

氣味芬芳，可磨細或整個使用、歐洲、印度、墨西哥、南美洲皆有種植。亦是普羅旺斯綜合香料的主成分，常當作煎肉排、烤雞、麵包的香料。

調味料及辛香料

感官迷醉，就是這個味！

　　色、香、味是品嚐食物時的重點，食物本身有其原味；若要改變這原味，就需要靠調味料。法國的普羅旺斯素以美食聞名，由於鄰近地中海，容易取得來自世界各地的香料，當地人更是運用香料的能手！西餐大多使用天然植物為香料，現介紹如下：

● 俄力岡葉、粉 （Oregano leaves、ground）

又名皮薩草，適合用來增加燉牛肉、雞、魚等菜餚的香氣。並可應用於通心麵、漢堡、煮蛋或番茄、沙拉，當然也可撒在披薩上！

● 迷迭香粉、葉 （Rosemary ground、leaves）

原產於地中海一帶，有醒腦及保肝功效，香氣清爽微甘，耐長時間烹煮。法、義、希臘等國菜餚最常運用到它，肉類、湯品或魚類皆可酌量使用。吃烤雞加點迷迭香葉，風味尤佳。

● 薑粉（Ginger powder）

古老的香辛料之一，含清新木質氣味，且帶些許甜味。食用後會產生溫熱感及辛辣味，有健胃功效。可使用在魚、肉類之調味、去腥，亦可用來烘焙薑餅、布丁派、醃漬水果、製作薑湯驅寒等。

● 肉桂粉（Cinnamon ground）

是由月桂科植物的樹皮研磨而成，香氣濃郁中微帶辛辣，可促進氣血循環。調理時加入有助於增加香甜感，適合烹調糖醋蝦、燉牛肉、蔬菜、魚肉類，搭配甜派、麵包及咖啡也十分對味。

● 月桂葉（Bay leaves）

是地中海區域的產物，揉碎會散發出濃烈香味，極適合搭配義大利肉醬麵、煮馬鈴薯、燉肉及番茄湯。若將月桂葉夾進魚、肉類中烹煮，有助於去除肉腥味。

● 咖哩粉（Curry powder）

是由多種不同辛香料調製而成，是東南亞各國料理常見的調味料。適用於搭配米飯、麵食、海鮮，烹調時可酌量加入奶油、蘋果或椰漿，更添香濃。

| 延伸資料 |

★ Gernot Katzer's Spice Pages　http://www.uni-graz.at/~katzer/engl/index.html
（香料圖文豐富，還有多國翻譯名稱可供對照！）

★ 克萊兒的點心小棧　http://ebake.dyn.dhs.org/Basics/DbListItem.asp?DB=1&Sub=116
（購買及保存的要訣介紹得很詳盡。）

★ 物豐餐飲專業　http://www.wnlfood.com.tw/index.php
（西式烘焙、餐飲會用到的香料及原料都可在此找到。）

經典西餐食材—— 精選／嚴選／特選

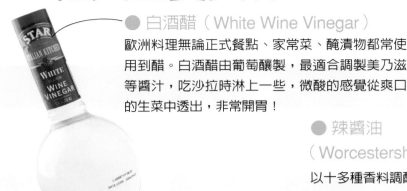

● 白酒醋（White Wine Vinegar）

歐洲料理無論正式餐點、家常菜、醃漬物都常使用到醋。白酒醋由葡萄釀製，最適合調製美乃滋等醬汁，吃沙拉時淋上一些，微酸的感覺從爽口的生菜中透出，非常開胃！

● 辣醬油
（Worcestershire Sauce）

以十多種香料調配而成，能引發菜餚（尤其是肉類）的辛香。當作牛排、炸豬排、煎魚……的蘸料都不錯，而且還有去油解膩之效。

● 白脫油（奶油）（Butter）

由動物性乳脂提煉出來的一種物質，是西餐烹調、製作醬汁、烘焙不可或缺的食材。

● 酸黃瓜（Pickle）

罐上標註dill pickles的是與蒔蘿（dill）一起醃漬的酸黃瓜，口味有的溫和酸甜、有的偏鹹。常搭配漢堡、沙拉、三明治、熱狗等，也可與芥末醬互相搭配。

● 甜黃瓜（gherkins Pickle）

罐上標有gherkins字樣的是加了糖醃的更小的酸黃瓜。

● 法式第戎芥末醬
（Dijon Mustard）

第戎芥末醬由褐芥末籽、白酒或酸果汁等混合製成，味道酸辛微辣，可和烤牛肉、砂鍋燉肉或肉類冷盤一起享用。料理在快煮好時加入此醬，可讓整道菜味道鮮明起來！例如兔肉配芥末醬就很美味。此外，它跟乳酪料理也很合。

● 番茄糊
（Tomato Paste）

是將熟番茄以慢火攪煮
數小時得到的濃稠果
泥，質地濃稠、味香，
許多西餐醬汁的調味、
上色原料都會用到它。
一般我們使用的蕃茄醬
是由番茄糊加入果糖、
醋及香料的再加工品。

● 蘇打粉（Baking Soda）

化學名為碳酸氫鈉，又稱小蘇打或重曹，是
西點膨鬆劑的一種，也可添加於巧克力中，
會使巧克力看起來黑得發亮。但使用過量反
而會使成品變得粗糙，影響風味與外觀。

● 泡打粉（Baking Powder）

用來讓蛋糕及早餐煎餅發酵的粉末。泡打粉又稱蛋
糕發粉，常用於蛋糕及西餅的製作。接觸水分及烘
焙加熱時會釋出二氧化碳氣體，令麵糰達到膨脹及
鬆軟的效果，保存時應盡量避免受潮而失效。

● 可可粉（Cocoa）

可廣泛應用於蛋糕、派、各式巧克
力點心中，超市或材料店均有售。

● 奶油乳酪
（Cream Cheese）

香港人稱其為忌廉芝士，是種
摻入鮮奶油和牛乳混合物的新
鮮乳酪。做乳酪蛋糕使用的奶
油乳酪為塊狀包裝，外觀像顏
色較淺的奶油，但氣味並不相
同。開封後極容易吸收其他味
道而走味，所以要盡早用完。

● 鮮奶油（Cream）

依照乳脂肪含量的多寡又可分
為：全脂、低脂、中脂、高脂鮮
奶油以及打發鮮奶油，每一種類
在西餐烹調、烘焙上皆廣為適
用，可以增加食物的風味。

● 起司片（Sliced Cheese）

是由牛奶酸化所形成，一般常用的起司
片水分與脂肪含量較高，質地較柔軟。

西式烹調專業用語

　　各種西式烹調法之間有很大的差異，中式菜色常混合了多種烹調法，西式則較單純，大致來說西式烹調可依加水（包括其他液體）或不加而區分為兩大類，即「乾熱法」和「濕熱法」兩類。

一、乾熱法（Dry Heat Cooking Methods）

　　不加水或液體，經由加熱金屬、熱油或空氣使食物變熟的烹調法。

1. **烘烤（Baked）：**
　　將食物放入烤箱，密閉空間加熱使食物變熟，大部分用於烘焙麵包、小西餅、鬆餅。

2. **炭火烤（Barbecue）：**
　　食物先經過醃漬，再置於燃燒的炭火上加熱。

3. **上火烤（Broil）：**
　　以上火加熱，將食物放於下方，讓熱度由上往下使食物變熟的方法。

4. **炭烤（Grill）：**
　　將食物放於鐵架上，鐵架下方則為炭火。當魚、肉的油脂滴落炭火時濺起油煙，將使食物更香。

5. **煎烤（Gridding）：**
　　將食物放在煎板（griddle）上加熱的烹調方法。一般會採用具凹槽的煎板，煎板上有長條型紋路，使食物在煎烤時冒出的油脂滴流於凹槽中。

6. **鍋烤（Pan Broil）：**
　　食物放入沒有加油的平底鍋中烹調，烹調時鍋具不加蓋。

7. **燒烤（Roast）：**
　　將食物放入烤箱或以長叉穿刺食物後放在火上燒烤，大多在烹調肉類時使用燒烤法。

8. 炒（Saute）：

平底鍋倒入油脂先加熱，再將食物放入翻炒，以高溫短時間烹調。

9. 濕炒（Sweat）：

平底鍋放少量油，將食物放入緩慢拌炒，另可加蓋拌炒至食物汁液滲出。

10. 炸（Deep fry）：

食物倒入熱油中，經熱油加熱至熟。

二、濕熱法（Moist Heat Cooking Methods）：

即藉由加熱蒸氣、水、液體，使食物變熟的方法。

1. 汆燙（Blanch）：

將食材放入煮滾的水中馬上撈出，浸泡冷水，一般用於烹調蔬菜。此烹調法可去除部分殘餘的農藥，使蔬菜體積縮小，質地變軟，且保留鮮豔的顏色。

2. 煮（Boil）：

將食物放入水中加熱，藉由水的熱力使食物變熟的方法。

3. 燜（Braise）：

食物先予以褐化，放入液體或水中以小火烹煮至熟的方法。

4. 微煮（Poach）：

食物放入滾水中，使食物變熟的方法。

5. 濃縮（Reduce）：

加熱食物，使食物汁液變少，風味更佳。

6. 慢煮（Simmer）：

將食物放入水或液體中，以小火加熱至熟。

7. 蒸（Steam）：

利用蒸氣力量使食物變熟的方法。

8. 燴（Stew）：

將一種或兩種以上的食物加入少許液體一起煮，再以少量澱粉勾芡的方法。

餐桌上的悠然情懷
（餐具介紹）

上洋館子時，服務生會預先在餐桌上擺放好各種餐具。也許習慣「一雙筷子闖天下」的我們，乍看之下會認為吃西餐還真費勁，要對付這些大小不一的刀叉杯盤；但換個角度想——如果弄懂了用途及使用順序，不就更能享受雅致的用餐樂趣嗎？

1. 桌巾：

餐桌上一定會鋪桌巾，不單是為了在視覺上襯托食物之美，還可避免餐具刮傷桌面。講究的餐館會先鋪一層墊布再鋪上桌巾，用意在於防止餐具滑動或與桌面碰撞出聲響。

2. 餐巾：

可用來擦拭嘴角或手部的食物殘渣。用餐時不妨將餐巾放在膝蓋上，若須暫時離席，可將餐巾折起來（餐巾上擦過的地方勿外露），置於椅子上再離座。

3. 定位盤：

這個大盤子是擺放餐具的定位基準，可將餐巾放在上面。上菜時定位盤會被收走，有的餐廳則是將盛裝餐點的盤子直接放在定位盤上。

4. 麵包盤：

定位盤左上方的小盤子即是麵包盤，也有餐廳會將麵包盤疊在定位盤上。

5. 玻璃杯：

通常會將杯子並排擺在定位盤右上方，最大的是水杯，其他為酒杯。其實不必擔心會用錯，因為在餐廳裡飲用任何飲料，都有侍者為你服務。

6. 刀叉：

定位盤左右各放了一支叉子和刀，這是吃主菜用的。若擺有兩副刀叉，則較小的那副是用來吃開胃菜的。婚宴或隆重的宴席才會擺設到三副以上，屆時只要記住一個訣竅——從最外側的刀叉開始用起就對了！

Salad & Soup ...

喚醒味蕾的──前菜

開胃沙拉&湯品

Part

一套完整的西餐包括了──開胃菜、主菜與點心，
而作為開胃菜的沙拉與湯，有喚醒味蕾的功效。但
是開胃菜若和主菜口味相近，難免會產生膩味之
感；所以當你決定主菜之後，大可以選擇食材、烹
調法與醬汁皆與主菜相異的開胃菜。

Salad & Soup ...

馬鈴薯沙拉

Potato Salad

美味小魔術 >>

★盤底先墊菜葉，再將拌好的馬鈴薯沙拉放在綠色菜葉上比較美觀；此外也可用水果雕花作為裝飾。

★食材切割器具包括刀具、白色砧板，調理時需要利用熟食處理方式。

★所有食材最好戴手套製作，同時也避免在同個砧板上處理生食與熟食，造成交叉污染。

材料

馬鈴薯 200公克
雞蛋 1粒
沙拉醬 1/4杯
玉米粒 2大匙
紅蘿蔔丁 1大匙
青豆仁 1大匙

調味料

鹽 1/4小匙

作法

1 馬鈴薯去皮切小丁煮熟，濾去湯汁放冷。

2 雞蛋煮熟去殼切小丁。

3 三色蔬菜入滾水汆燙，再用礦泉水沖冷。

4 馬鈴薯、雞蛋、三種蔬菜加少許鹽調味後，以沙拉醬拌勻裝盤。

Let's cooking

26

華達夫沙拉
Basic Waldorf Salad

材料

蘋果 ·················1粒
西芹 ·················2條
核桃仁 ··············3粒
葡萄乾 ··········20公克
沙拉醬 ··············2小匙

作法

1 蘋果去皮切長條之後泡鹽水，以保持鮮亮的色澤。

2 西芹去筋切長條，汆燙後泡冰水。

3 核桃仁先烤香，放涼之後再切長條。

4 葡萄乾用礦泉水洗淨。

5 蘋果、葡萄乾及西芹瀝去水分再加沙拉醬，拌在一起裝盤後撒上核桃仁。

美味小魔術

★蘋果切開後一定要泡鹽水，以避免褐變反應產生，影響蘋果的顏色及外觀。

★食材水分要瀝乾，拌好裝盤不能出水。

可羅斯羅沙拉

Cole Slaw

材料

高麗菜 ………… 100公克
紅蘿蔔 ………… 20公克
青椒 …………… 20公克
沙拉醬 …………… 1小匙

調味料

鹽 ……………… 1小匙
白醋 …………… 1大匙

美味小魔術

★醃泡時鹽不能放太多，
　放多了會影響口感。

作法

1　高麗菜切細絲。

2　紅蘿蔔去皮切細絲。

3　青椒去頭、尾、籽之後切細絲。

4　以上加鹽、白醋，醃泡約20分鐘後用礦泉水洗淨鹽分，再去掉多餘水分後加沙拉醬，拌勻裝盤。

About ...

可羅斯羅沙拉

Cole slaw是法文「高麗菜沙拉」的意思。炎夏來一盅Cole slaw，以口味微酸的醬汁搭配生高麗菜絲的爽脆、紅蘿蔔絲的清甜，不但好看更是好吃！你也可學學老美把Cole slaw夾進熱狗麵包，就變成了最大眾化的美食──熱狗三明治。

主廚沙拉

Chef's Salad

材料

材料	份量
美國生菜	100公克
雞蛋	1粒
青椒	半粒
番茄	半粒
火腿	1片
起司片	1片
蝦仁	2隻
雞胸肉	半片

調味料

法式沙拉醬

（作法請參考P.127）

作法

1　雞蛋煮熟去殼，放入冰箱冷藏，待冰冷後切丁或切片。雞胸肉煮熟放進冷藏庫，等冰冷後切絲。蝦仁煮熟去殼，放入冰箱冷藏庫。

2　火腿、起司片、青椒皆切絲。番茄去皮切丁。

3　以上材料裝盤，並附上法式沙拉醬。

*美味小魔術 >>

★ 準備時要每樣食材分開擺放於熟餐專用器具內，不可全部置於馬口碗內。

★ 大蒜使用前需要作滅菌處理後，再切末。

★ 醬汁淋在生菜沙拉上時，要能將所有材料拌勻。

★ 白酒醋在一般超市就可買到，若買不到則可用果醋或檸檬汁取代，味道也相近。

Let's cooking

什錦生菜沙拉

Mixed Green Salad

∷ 材料

美生菜 ………… 100公克
小黃瓜 ………… 50公克
紅蘿蔔 ………… 20公克
青椒 ………… 20公克
番茄 ………… 20公克

∷ 千島醬

沙拉醬 ………… 1杯
熟蛋（切碎）……… 1個
甜黃瓜（切碎）…… 1條
酸黃瓜（切碎）…… 1條
番茄醬 ………… 3大匙
醬汁作法：
以上材料與沙拉醬一起拌
勻，再用沙司盅裝盛。

∷ 作法

1 美生菜採用嫩葉。小黃瓜去皮，用浪花刀切厚片。紅蘿蔔雕花切薄片。青椒切成圈。番茄去皮，整粒泡冰水，裝碗前才切丁。

2 以上材料全部放進冰礦泉水中浸泡20分鐘，瀝乾水分後再置於沙拉碗中。

3 將調好味道的千島醬淋在蔬菜上即可食用。

＊美味小魔術 >>

★美生菜刀工切割要整齊，不能太大片。所有食材需要作滅菌處理才衛生。

★番茄泡水之前不能切，否則形狀容易軟塌，味道也會變淡。

奶油鮑魚濃湯

Potage A La Abalone

▗▚ 材料

鮑魚 ⋯⋯⋯⋯⋯10公克
蛋黃 ⋯⋯⋯⋯⋯1粒
奶油沙司 ⋯⋯⋯⋯1杯
（作法請參考 P.128）
鮮奶 ⋯⋯⋯⋯⋯1大匙

▗▚ 作法

1 鮑魚切成薄片，並保留少許鮑魚湯汁。

2 生雞蛋只取蛋黃，加鮮奶1大匙拌勻。

3 奶油沙司加入步驟2拌勻後，加熱時再放
　入鮑魚片和鮑魚汁。

*美味小魔術 >>

★食用時撒上黑胡椒粗粒粉，
　更增辛香氣息與口感。

★鮑魚切割時應注意刀工，可
　採拉刀的方式處理。

Let's cooking

蔬菜濃湯

vegetable soup

*美味小魔術 >>

★蔬菜切割要大小一致，本道湯
　品才會色香味俱臻完美。

★代表太陽神阿波羅的月桂樹，
　在南法開得滿山遍野。台灣的
　食品材料行很容易就能購得進
　口的月桂乾葉（俗稱香葉），
　置於鍋中加熱就能釋放香氣，
　且具有提味的作用。

材料

馬鈴薯	20公克
洋蔥	20公克
紅蘿蔔	20公克
芹菜	20公克
玉米粒	1小匙
玉米醬	1小匙
月桂葉	1片
番茄糊	2大匙
番茄汁	1/2杯
高湯	3杯

調味料

鹽	1/4小匙
白胡椒粉	1/8小匙

作法

1 蔬菜全部洗淨，去皮去頭尾
　後再切成小薄片，倒入鍋中
　加月桂葉炒熟後放旁邊。

2 平底鍋加沙拉油、月桂葉、
　番茄糊炒香。

3 將高湯、番茄汁倒入拌勻後
　過濾。

4 接著把步驟1以及玉米粒、玉
　米醬加入湯中，調味之後即
　可完成。

Let's cooking

奶油雞肉玉米濃湯

Cream of Corn & Chicken Soup

▓▓ 材料

玉米醬	1大匙
玉米粒	1大匙
雞胸肉	1大匙
鮮奶油	1大匙
高湯	3杯
高筋麵粉	3大匙
月桂葉	1片
白脫油	1大匙
沙拉油	2大匙

▓▓ 調味料

鹽	1/2小匙

▓▓ 作法

1 雞胸肉煮熟切小丁。

2 平底鍋放入白脫油、沙拉油、月桂葉、高筋麵粉炒香後將高湯倒入,用打蛋器攪拌均勻。

3 記得以網篩或不鏽鋼手提三角漏斗過濾,再加入鮮奶油、玉米醬、玉米粒、雞丁。

4 依你喜歡的口味稍加調味,即可完成。

*美味小魔術 >>

★ 食材中,玉米粒的性質為甜,玉米醬的性質為香;同時加入會使濃湯更加香甜可口!

★ 食用時,加點黑胡椒粗粒粉會更美味。

★ 當白脫油在鍋中加熱時應特別注意火候,避免發生燒焦情形。

★ 炒奶油醬時,應特別注意避免使用鐵鍋,以免影響成品色澤。

波斯頓海鮮巧達湯

Boston Seafood Chowder

✿ 材料

馬鈴薯	20公克
培根	20公克
洋蔥	20公克
蛤蜊	300公克（約半斤）
蝦仁	20公克
透抽	20公克
鮮奶油	1大匙
高筋麵粉	1/4杯
白脫油	20公克
沙拉油	60公克
月桂葉	2片

✿ 調味料

鹽	1/2小匙

✿ 作法

1 馬鈴薯去皮切正方丁，泡在水中以防止變為褐色。

2 洋蔥去皮去頭尾後切片，培根切薄片。

3 將步驟1、2加月桂葉炒熟備用。

4 蛤蜊先煮成清湯，留肉留湯去殼。用蛤蜊清湯為底作成奶油沙司（作法請參考P.128）之後過濾。

5 海鮮料洗淨切小丁。

6 將步驟3、5加入奶油沙司中拌勻，調味後即可完成。

✿ 美味小魔術 >>

★切過海鮮的砧板往往會留下腥味，在此與你分享一個消臭良方——先將砧板用冷水沖洗一遍（千萬別用熱水，否則臭味會更難消除），然後切一片檸檬在砧板上抹一層檸檬汁，再用清水沖乾淨，以乾布擦乾後臭味就消失了。撒鹽巴刷一刷也同樣有消臭作用喔！

About ...
巧達湯

巧達湯原為大西洋上的漁夫料理。古代漁船上都有一只厚重的大鍋，咕嘟咕嘟煮著洋蔥和馬鈴薯塊，漁夫只要把現撈的海鮮丟進去燉，再倒入牛奶熬一熬，就成了一鍋營養好湯。本道食譜因為加了鮮奶油，所以喝來更加香濃，掰塊麵包沾著吃也很可口！

海龍王清湯

South Neptune Bisque De Seafood

❖ 材料

紅蘿蔔	半條
芹菜	2棵
番茄	1粒
小龍蝦	150公克（約1隻）
透抽	半條
蝦仁	3條
蛤蜊	300公克（約半斤）
柴魚片	適量
青江菜	1棵
洋蔥	半顆

❖ 調味料

鹽	1/4小匙
白胡椒粉	1/8小匙

❖ 作法

1 紅蘿蔔削去皮、頭、尾後切碎。番茄去除皮、籽後切碎。

2 芹菜切去頭、葉後切碎。

3 用柴魚片煮清湯，煮好後把柴魚片撈起扔掉。

4 以柴魚清湯煮蛤蜊，取出蛤蜊肉及蛤蜊湯。

5 洋蔥切去皮、頭、尾後切碎。

6 海鮮料切小丁，龍蝦煮熟再剖開（圖a、b）。

7 平底鍋加入白脫油，將月桂葉及步驟5放入炒香，接著放入步驟1略炒，再將高湯及步驟6倒進去煮，調味後裝入湯碗，食用前再加芹菜末。

*美味小魔術 >>

★ 芹菜太早加入湯中口感會變老，出菜前才放芹菜即可。

★ 生鮮番茄的果皮比較不好剝，在此分享一個「剝皮密技」。先將番茄蒂頭拔掉，底部用刀劃十字後放入沸水燙幾秒鐘，撈起丟入冰水，果皮就能輕鬆剝除囉！

Main Course ...

展露廚藝的——主菜

森林&海洋的恩賜

Part

2

中式餐廳常可見到滿桌熱熱鬧鬧地排滿了菜，隨大家高興這裡挾一塊魚、那裡舀一杓湯；而歐式餐廳則會觀察客人把上一道菜吃完後，侍者才會端出第二道菜。當我們享用完開胃菜之後，就是今天的重頭戲——「主菜」登場囉！主菜通常是一道肉類或海鮮做成的料理，因為盤中也附有蔬菜，因此只需點一道主菜份量就足夠了。倘若胃口大開，想一次嘗試到肉類和海鮮兩種主菜，建議你可以把味道較重的肉類安排在海鮮之後吃。

Let's cooking

蘋果燴豬排

Roti De Porc Au Pomme

▓ 材料

蘋果 …………………1/2粒
豬里肌 …………150公克

▓ 調味料

鹽 ……………………1/8小匙
黑胡椒粗粒粉 …1/4小匙
肉汁（作法請參考P.124）

▓ 作法

1 蘋果切除蒂頭及芯（圖a），用肉汁燴15分鐘，一邊將肉汁澆淋其上，燴至鍋鏟輕壓下會出現壓痕的軟度（圖b）。

2 豬里肌用肉鎚拍打（圖c），然後灑上鹽、黑胡椒粗粒粉醃15分鐘。

3 用平底鍋把豬排煎至褐色。

4 豬排擺盤，再將燴好之蘋果肉汁澆淋在豬排上。

5 旁邊用副主食及蔬菜搭配裝飾。

★若無肉鎚，也可用厚的刀背代替。敲打的用意在於敲斷肉類纖維，以增加豬排軟嫩的口感。未經敲打的肉通常較不容易煎熟，而且吃起來也比較硬。

About ...

蘋果

有句西方諺語：「一天一蘋果，醫生遠離我。」蘋果不僅能促進消化和保護胃黏膜，還能幫助身體排除多餘水分，製造年輕的肌膚細胞，進而消除皺紋。在這道食譜中，它讓豬肉嚐起來更加嫩滑，而且洋溢著果香與酸甜。

Let's cooking

香煎培根豬排

Grilled Bacon Pork Chop

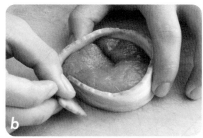

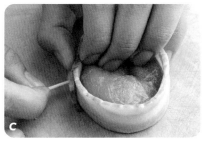

材料

培根 ……………………2片
豬里肌 …………150公克
洋菇 ……………………2朵
洋蔥 ……………………1小片

調味料

鹽 ……………………1/8小匙
黑胡椒粗粒粉 …1/4小匙
肉汁（作法請參考P.124）

作法

1 豬里肌去筋去油後切成兩塊，用肉鎚拍打（圖a），再以鹽、黑胡椒粗粒粉醃15分鐘。

2 培根圍在豬排旁邊（圖b），再用牙籤固定（圖c）。

3 洋菇、洋蔥切成片狀。

4 用平底鍋把豬排煎熟，並將洋蔥、洋菇炒香後淋上肉汁擺盤。

5 菲力豬排旁邊放副主食及蔬菜搭配。

Let's cooking

焗烤義大利豬排

Baked Italian Pork Chop

⁛ 材料

乳酪絲 …………20公克
豬里肌 …………150公克

⁛ 調味料

義大利沙司 ……20公克
（作法請參考P.129）

⁛ 作法

1 豬里肌肉用肉鎚拍打（圖a），撒上鹽、黑胡椒粉靜置15分鐘使其入味。

2 用平底鍋將豬排略微煎一下。

3 然後將豬排移到烤盤上，淋上義大利沙司之後再加乳酪絲，最後灑些起司粉，放入烤箱（圖b）。

4 以上火、下火各200℃烤約5分鐘後取出裝盤。

5 在豬排旁邊搭配副主食和蔬菜。

★「焗烤」是種香噴噴又輕鬆的烹調法，只要懂得運用烤箱，就可以跟導致肺癌的頭號元兇——油煙說拜拜，而且也能穿得漂漂亮亮進廚房，不必擔心變成油頭垢面黃臉婆！

Let's cooking

夏威夷豬排

Broiled Hawaiian Pork Chop

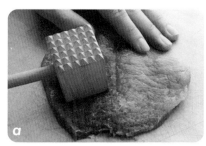

:: 材料

罐頭鳳梨 ……………1片
紅櫻桃 ………………1粒
豬肉 …………150公克

:: 調味料

鹽 ………………1/8小匙
黑胡椒粗粒粉 …1/4小匙
肉汁（作法請參考P.124）

:: 作法

1 豬里肌肉用肉鎚拍打數下（圖a），撒上
   鹽、黑胡椒粗粒粉醃15分鐘。

2 豬排放入平底鍋煎熟。

3 鳳梨片沾上麵粉（圖b），下鍋煎至表面
   略呈褐色（圖c）。

4 豬排擺盤後將鳳梨片放在豬排上，再把紅
   櫻桃放在鳳梨中間，然後淋上少許肉汁。

5 豬排旁邊搭配副主食及蔬菜。

*美味小魔術 >>

★ 鳳梨的酸甜與豬排相配，滋味非常正點！
★ 鮮紅的櫻桃鑲嵌在金黃的鳳梨中間，視覺效
   果熱情奔放，是一道洋溢海島風情的料理。

Let's cooking

藍帶豬排

Deep Fried Cordon Bleu Pork

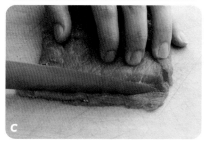

▓ 材料

洋火腿 1片
起司片 1片
豬里肌 100公克
麵包粉 ....半杯
雞蛋 1個
麵粉 2大匙

▓ 調味料

鹽 1/8小匙
黑胡椒粗粒粉 ...1/4小匙

▓ 作法

1 豬里肌肉中間對開不切斷（圖a），搥平之後撒上黑胡椒粗粒粉及鹽。

2 取一片起司、一片火腿夾入肉中（圖b），肉片對折後用刀背敲緊邊緣，使肉片邊緣上下相黏且變薄（圖c），再將變薄處往回折、壓緊。

3 包好的肉片先沾麵粉，再沾蛋液，最後沾麵包粉，並稍微摁壓一下，讓麵包粉嵌進肉裡，炸的時候才不會一下子掉光光。

4 肉排下油鍋炸至金黃色，切忌久炸！萬一炸乾水分，嫩豬排就變成老豆乾了。

5 炸好的豬排裝盤並搭配蔬菜等副主食。

★ 咬開爽脆的炸豬排外層，內裡鮮嫩噴香，難怪會是小朋友的最愛。

★ 做炸豬排的肉一定要去市場肉攤買，選那種一條條先秤後剁的溫體豬肉。你可以告訴老闆這是要用來炸的，請他剁薄些。最好不要用冷凍肉片，因為解凍時肉汁會流失，炸出來的豬排就不夠嫩啦！

Let's
cooking

戴安那雞排

Dlane Chicken Steak

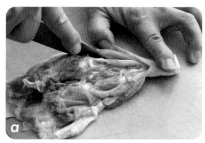

:: 材料

雞腿	1隻
蜂蜜	1大匙
法式芥末醬	1大匙

:: 調味料

鹽	1/8小匙
黑胡椒粗粒粉	1/4小匙

:: 作法

1 雞腿從骨邊剖開（圖 a），使面積更大片之後再撒上鹽及黑胡椒調味。

2 蜂蜜和法式芥末醬拌勻。

3 用平底鍋把雞腿煎至八分熟（雞皮朝下先煎）（圖 b）。

4 拌好的蜂蜜芥末醬淋在雞皮上放入烤箱，以中火5分鐘烤至雞肉全熟。

5 將主食及蔬菜搭配在雞腿旁邊。

★ 美味小魔術 >>

★雞腿剖開時，注意只要剖肉的地方就好，勿傷到皮。也可去掉骨頭旁的兩條白筋，會比較好咀嚼。

★如果雞腿較小隻，可以肉面沾麵粉下鍋煎，雞腿才不會縮小而影響成品的外觀。

Let's
cooking

焗麥西年雞

Chicken A La Mancini

About ...

麥西年雞

麥西年雞是美式菜餚，雞肝軟嫩香辣的口感，搭配QQ的雞蛋麵、濃郁的起司焗烤，很適合當作特餐或自助餐。

材料

雞胸肉	半個
雞蛋麵	1人份
雞肝	2個
洋蔥	1/6個
紅辣椒	2小條
起司片	1.5片
起司粉	1小匙

調味料

奶油沙司 1杯

（作法請參考 P.128）

作法

1. 雞胸肉先煮熟，放涼後切片。

2. 洋蔥去皮、頭、尾之後切碎。雞蛋麵煮熟沖冷。起司片切小丁。紅辣椒切碎。

3. 雞肝洗淨，去雜質後切碎。

4. 洋蔥、紅辣椒炒香加入雞肝，調味後加入雞蛋麵炒勻（圖 a）。

5. 取來焗碗，用炒麵墊底，上鋪雞胸肉片再淋上奶油沙司及起司丁。

6. 最後灑上起司粉放入烤箱，用中火約5分鐘烤至表面呈褐色即可上菜。

森林主菜——雞排

Let's cooking

52

義大利紅燴嫩雞

Capitalade De Volaille

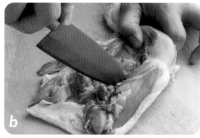

材料

洋菇 ⋯⋯⋯⋯⋯⋯⋯⋯2粒
白、紅蘿蔔⋯⋯⋯⋯各半條
青豆仁 ⋯⋯⋯⋯⋯⋯1小匙
雞腿 ⋯⋯⋯⋯⋯⋯⋯1隻

調味料

鹽 ⋯⋯⋯⋯⋯⋯⋯⋯1/8小匙
白胡椒粉 ⋯⋯⋯⋯1/4小匙
義大利沙司 ⋯⋯⋯⋯1杯
（作法請參考P.129）

作法

1 洋菇去蒂後一切為四塊，煮熟沖冷。青
  豆仁入滾水汆燙。

2 白、紅蘿蔔切成球形煮熟（也可用挖球
  器挖）（圖a）。

3 雞腿去骨切小塊（圖b），以鹽和胡椒先
  調味後再沾少許麵粉。

4 雞塊煎熟加入義大利沙司（圖c），燜10
  分鐘後再加洋菇、紅白蘿蔔炒勻裝盤。

5 雞塊上再以少許青豆仁作點綴。

 >>

★ 燴雞最好搭配「雞蛋麵」為主
  食，因為兩者都來自於雞，味道
  更加協調。

★ 本道食譜口味酸中帶甜，是以番
  茄為主的義大利沙司之功。

Let's
cooking

燒烤春雞 （4人份）
Roast Spring Chicken

★燒烤能讓雞肉及各種香草的氣味融合在一起，並且達到最極致。

★清香微冰的白葡萄酒，與香嫩多汁的烤雞是最佳拍檔，就算是不常喝酒的朋友也可以試試看！

★普羅旺斯料理的特色之一，就是對「大蒜」特別偏好。人們常將大蒜填進豬肉或雞肉中再去燒烤，讓人食指大動。

材料

雞	1隻
紅蘿蔔	半條
大蒜	3粒
芹菜	半斤
洋蔥	半個
番茄糊	1大匙
番茄汁	1/4杯
義大利香料	1小匙
百里香	1/2小匙
麵粉	1大匙
高湯	半杯

調味料

肉汁	3杯

（作法請參考 P.124）

作法

1 大蒜拍碎。紅蘿蔔、洋蔥切片。芹菜切段。

2 將大蒜、紅蘿蔔、洋蔥鋪在烤盤上，把全雞放入烤盤（圖a）。

3 於雞胸、雞腿處淋上少許沙拉油，再用中火20分鐘烤熟。

4 將烤好之全雞餘留的雞汁加番茄糊、義大利香料、百里香以及少許麵粉炒香後，加高湯及番茄汁調味做成肉汁。

5 烤好的雞剖成四份（圖b），再淋上肉汁，搭配副主食及蔬菜即可完成。

Let's
cooking

奶油皇家雞

Chicken A La Royal

▓▓ 材料

雞胸肉 ……………… *1*個
黃、青、紅椒 …各半個
洋菇 ……………… *1*粒
洋蔥 ……………… *1/4*個

▓▓ 調味料

鹽 ……………… *1/8*小匙
白胡椒粉 ……… *1/8*小匙
奶油沙司………………半杯
（作法請參考 P.128）

▓▓ 作法

1 雞胸肉煮熟，放冷後切厚片（圖 a ）。

2 黃椒、青椒、紅椒切菱形（圖 b ）。洋
菇切片、洋蔥切菱形。

3 以平底鍋加入白脫油，將洋菇和洋蔥
炒香。

4 再放入雞胸肉片與奶油沙司拌炒（圖
c ），最後放黃椒、青椒、紅椒片炒勻
即可。

★奶油沙司非常適合用來烹調柔軟
的雞肉或海鮮，味道極佳。本道
食譜也可搭配西班牙飯及蔬菜為
主食唷！

森林主義──牛排

Let's cooking

About ...

威靈頓牛排

威靈頓公爵是英國名將與政治家,他曾在滑鐵盧大敗拿破崙。據說公爵最愛吃的就是這種包在酥皮麵包中的牛排。大家為了紀念他的豐功偉業,便以他的名號替這種牛排命名,而這種巧妙的烹調方式也一直流傳了下來。

58

威靈頓菲力牛排

Beef Tenderloin A La Wellington

材料

菲力牛排 …………… 1磅
洋蔥 ……………… 1/4個
雞肝 ……………… 2個
紅辣椒 ……………… 1條
洋菇 ……………… 2個
油酥皮 ……………… 2張
（作法見本頁左下方）

作法

1 菲力牛排切去油與筋，以鹽、黑胡椒粗粒粉抹在牛肉上調味。

2 洋蔥、雞肝切碎，紅辣椒去籽切碎。將這三種材料炒香。

3 菲力牛排煎成褐色。

4 將步驟2、3放到油酥皮上包好（圖a、b）。在油酥皮上刷上一些蛋液。

5 烤盤鋪錫箔紙，並抹上一些奶油或沙拉油以防沾黏，再將步驟4放入，送進烤箱以中火10分鐘烤至表面呈黃褐色。

6 取出來切片裝盤，並附上洋菇沙司。（作法請參考 P.122）

how to make
油酥皮製作方式

◎ 材料

高筋麵粉3杯、雞蛋7粒、白糖1/2杯、鹽1/2小匙、三花奶水1/2杯、白脫油400公克、酥油400公克、溫水1杯半。

◎ 作法

麵糰包白脫油，擀平疊成三折，然後再擀平折疊成3折。如此反覆3次共9層即可。

◎ 備註

烘焙材料店可以買得到現成的油酥皮，解凍後就可使用，很方便。

美味小魔術 >>

★ 烤好後不必急著切片，可以放涼幾分鐘再下刀，切口會比較平整美觀！

★ 在一層層酥皮襯托下，更為鮮美多汁的牛排增添了味覺層次。

Let's cooking

羅仙爾菲力牛排

Beef Tenderloin Rossini

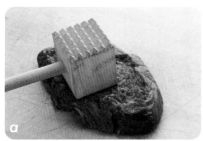

About ...

鵝肝醬

鵝肝的油脂和橄欖油一樣都屬於健康的不飽和脂肪,而且口感柔滑綿密有如奶油,加熱到35℃就會開始融化,由於和體溫相近,所以能入口即化。

據說高盧人曾在半夜偷襲羅馬神殿,孰料棲息在神殿附近的鵝群突然呱呱大叫,驚醒了熟睡的羅馬士兵,結果高盧人反而被打得落花流水!從此鵝群成了萬民感激的對象,每逢祭典就被裝扮得美美地遊街。

日後人們發現這種「神禽」的肝臟美味絕倫,便用無花果乾填塞餵鵝,讓鵝產生脂肪肝現象後殺鵝取肝(可別說人類忘恩負義啊!),再做成各式佳餚,就連權傾一時的凱撒大帝也是「愛肝族」呢!

材料

菲力牛排 約8盎司
(約250公克,先將筋、油剔除)
鵝肝醬 1片
洋菇 1粒

作法

1 菲力牛排用肉鎚輕拍(圖 a),加鹽、黑胡椒粗粒粉調味。

2 洋菇雕花煮熟(圖 b)。

3 菲力牛排用平底鍋煎熟(隨客人喜歡幾分熟)。

4 切一片鵝肝醬放到牛排上。上面再放雕花洋菇,灑上巴西利之後裝盤。

5 食用時搭配副主食、蔬菜。

★ 也可將鵝肝醬裝在牛排中間,旁邊再包培根,如此一來鵝肝醬溶化時才不致溢出。

Let's cooking

菲力牛肉銀串

Beef Tenderloin Brochette

★ 銀串若太短，可串成兩串。

★ 牛肉串底下要墊炒飯、蔬菜再擺旁
邊。出菜時在客人面前取出銀串。

★ 辣醬油除了提味，還有解油膩的妙
用。若不喜歡油膩的人，可以蘸些
辣醬油再吃，包你愛上這種滋味！

★ 若買不到菲力牛排，建議可用沙朗
牛排代替。

材料

菲力牛排	250公克
（約6兩）	
洋蔥	1/4個
青椒	1/2個
洋菇	1粒
培根	1片
小番茄	1粒

調味料

鹽	1/8小匙
黑胡椒粉	1/4小匙
辣醬油	1/4小匙
白脫油	1/4小匙
料酒	1小匙
番茄	1小匙
肉汁	2小匙

（作法請參考 P.124）

作法

1　菲力牛排切成塊狀，加鹽及黑胡椒粉調
味。洋蔥、青椒、培根切成和牛肉塊一
樣大小。

2　用銀串按順序串起：一片洋蔥、一片牛
肉，一片青椒、一片牛肉，一片培根。
共計串6片牛肉，再串洋菇一粒、番茄
一粒（圖 a）。

3　用平底鍋將牛肉串煎熟（圖 b）。

4　肉串淋上辣醬油、白脫油及少許料酒、
肉汁、番茄醬裝盤。

Let's cooking

鴛鴦牛排 （2人份）

Chateaubriand

a

b

★要做出好吃的牛排，除了手藝要好之外，肯捨得花錢買高品質的牛肉也很重要。菲力牛排是取自牛隻腰椎內側的細長嫩肉，肉質柔軟且脂肪較少，選購的時候盡量別買冷凍肉（因為冷凍後會破壞口感），最好買當日現切的生鮮肉品。你也可跟熟悉的肉商或超市肉品部事先預訂這種新鮮牛肉。

材料
菲力牛排 …………1磅
（約454公克）

調味料
塔塔荷蘭醬
（作法請參考 P.130）

作法

1 前一天將塔塔沙司加威士忌酒，放至荷蘭醬裡拌勻。

2 菲力牛排切去筋與油脂，用棉繩綁成圓柱狀（圖a），以黑胡椒、鹽調味。

3 綁著綿繩的菲力牛排煎至褐色，取出放置烤盤上（圖b）以烤箱中火烘烤，熟度視客人需要而定。

4 烤好後除去棉繩，再切成厚片狀。

5 食用時附上副主食及蔬菜，另以沙司盅盛裝醬料附在旁邊。

About ...

鴛鴦牛排（Chateaubriand）
夏多布里昂（*Chateaubriand*）是19世紀法國名氣相當大的浪漫主義文學家，他最先歌頌廢墟的荒涼之美，並且大量描寫自然界的各種美景。他的作品深入人心，華貴且富有詩意，是當代作家爭相模仿的對象，馬克思曾罵他是法國虛榮的化身。法國飯店一種厚片的牛排就以他為名。

Let's cooking

鐵板沙朗牛排

Grilled Sirloin Steak

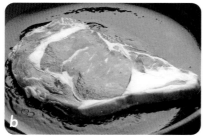

★牛排大約煎到牛肉滋滋作響，表面微
焦而內裡仍然軟嫩多汁時即可裝盤。
雖然說熟度依個人喜好而定，但是超
過8分熟的牛排往往會流失較多肉
汁，口感顯得粗老，咀嚼起來像在咬
鞋底；太生的牛排則一咬下去鮮血淋
漓，未免也有失儀態。

材料
沙朗牛排 …12盎司一片
（約340公克）

調味料
鹽 ……………1/8小匙
黑胡椒粉 ………1/4小匙
洋菇沙司
（作法請參考 P.122）
或黑胡椒醬
（作法請參考 P.123）

作法

1 沙朗牛排放在常溫下完全退冰後，以鹽
　和黑胡椒粉調味（圖 a）。

2 將牛排放在鐵板上油煎（圖 b）（若無
　鐵板可用平底鍋代替），熟度依客人喜
　好而定。

3 食用時附上洋菇沙司或黑胡椒醬。

Let's cooking

麥年式鮭魚排

Salmon Meuniere

材料

鮭魚 ……………………1片
雞蛋 ……………………1個
麵粉 ……………………2小匙
白脫油 …………………3公克
義大利香料葉………少許
白酒 ……………………1小匙

調味料

鹽 …………………1/8小匙
白胡椒 …………1/8小匙

About ...

麥年煎（Meuniere）

*Meuniere*源於法語，指「在麵粉屋踩水車的女人」，後來竟引申為在食物上塗麵粉之後用奶油煎的烹調法。適用於整隻或切片的任何魚類，通常會將魚微微沾上一點麵粉，再放入鍋中以牛油煎熟。

作法

1 鮭魚去骨橫切成片狀（圖 a），撒上鹽與白胡椒調味。

2 平底鍋中先放油熱鍋，鮭魚沾麵粉之後沾上蛋汁煎熟。

3 將少許白脫油塗抹在魚排上，並撒上義大利香料葉及幾滴白酒。

4 再搭配副主食及蔬菜。

★ 要趁鮭魚排還熱熱的時候塗抹白脫油（奶油），這樣白脫油才會融化並飄出奶香味。

Let's cooking

起司焗敏魚排

Fresh filet fish in gratin

:: 材料

敏魚肉 ……………… 1片
麵粉 ……………… 2小匙
洋菇 ……………… 2個
洋蔥 ……………… 1/4個
起司片 ……………… 1.5片
起司片 ……………… 1/2小匙
巴西利乾葉………… 少許

:: 調味料

鹽 ……………… 1/8小匙
白胡椒 ……………… 1/8小匙
奶油沙司
（作法請參考P.128）

:: 作法

1 敏魚剔去小骨，加鹽及白胡椒粉調味。

2 魚片沾麵粉再沾蛋液煎熟（圖 a ）。

3 將煎好的魚裝入焗碗，淋上奶油沙司（圖 b ）後再加起司丁，最後灑上起司粉。

4 放入烤箱以中火5分鐘烤至起司表面呈褐色或金黃色即可。

★如烤碗較大，底下可用煮熟的通心粉或義大利麵先墊底，再放上魚片。

★烤好之後可灑些巴西利乾葉作裝飾。

Let's cooking

紙包焗龍利魚

Fresh filet De Sole En Appellate

▓▓ 材料

龍利魚（板魚）......1條
麵粉 2小匙
洋菇 2粒
洋蔥 1/4個
起司片 1片
錫箔紙 1張

▓▓ 調味料

鹽 1/8小匙
白胡椒粉 1/8小匙
奶油沙司............半杯

▓▓ 作法

1 龍利魚去皮（圖a）、去骨切成兩片（圖 b），加鹽及白胡椒粉調味。

2 魚片沾麵粉後再沾蛋液煎熟。

3 洋蔥、洋菇炒香後放在錫箔紙上，先加少許奶油沙司後將魚片放入，再淋上奶油沙司、起司片及兩滴白脫油（圖c）。

4 將整包食材包好（圖d），放入烤箱以中火5分鐘烤至錫箔紙膨脹即可（圖e）。

5 搭配副主食及蔬菜。

★錫箔紙要緊包食材，烤過後才會膨脹，而且魚肉鮮甜的湯汁才能完全封存在錫箔紙內不流失。當打開錫箔紙包的那一剎那，熱氣氤氳、香味四溢，更是用餐一大享受！

★食用時才切開錫箔紙，由於湯汁非常燙，請注意安全，小心取出。

Let's cooking

鐵排鱒魚 （2人份）
Broiled Trout

∷ 材料
鱒魚 ····················1條
白脫油 ··············1 大匙
白酒 ················1 大匙
杏仁片 ··············1大匙

∷ 調味料
鹽 ················1/8小匙
白胡椒粉 ········1/8小匙

∷ 作法

1 鱒魚掏掉內臟後洗淨，以鹽及白胡椒粉
  醃漬入味（圖 a）。

2 將鱒魚放入平底鍋稍微煎一下，再放入
  烤箱以中火5分鐘烤熟。

3 用白脫油拌炒杏仁片（圖 b），撒少許
  碎洋香菜，再倒些白酒進去好提味，並
  與杏仁片充分拌勻。

4 將杏仁片撒在魚上，就是一盤香噴噴、
  酥嫩嫩的烤鱒魚了。

★供餐時，將鱒魚在客人面前去骨，
  可以藉此展現你周到的服務喔！

Let's
cooking

地甫法蘭龍利魚排
塔塔沙司

Deep fried filet De Sole with Tar-tar Sauce

材料

龍利魚	1條
麵粉	2小匙
麵包粉	2大匙
雞蛋	1個

調味料

鹽	1/8小匙
白胡椒粉	1/8小匙

塔塔沙司

（作法請參考 P.125）

作法

1. 龍利魚去皮去骨（圖 a 、b），撒上鹽和白胡椒醃漬入味。

2. 魚片先沾麵粉，後沾蛋液，最後再沾上麵包粉。

3. 起油鍋，待油度到達160℃時，再將魚排放入炸至金黃色取出裝盤。

4. 食用時搭配副主食及蔬菜，並附上塔塔沙司。

About ...

龍利魚

龍利魚屬於比目魚、鰈魚一類的魚，身體扁扁的，肉質嫩滑且鮮甜。可在菜市場買到生鮮魚貨，超市則有售冷凍魚片或魚柳。新鮮的龍利魚適合清蒸，冷藏的切塊紅燒、油炸都行。只要烹調得宜，比起石斑魚有過之而無不及喔！

★ 油溫不能低，否則魚的外觀會不成型，炸出的成品不香不脆，且含油量大，口感會變差。

★ 油溫過高則容易燒焦，會造成食物外熟內生的情形。

Let's
cooking

蝴蝶明蝦

Butterfly Prawn

:: 材料

明蝦 ……………………3尾
（1斤6尾的大小）
白酒 ……………………1小匙
雞蛋 ……………………1個
巴西利切碎 ……1/4小匙
培根 ……………………2片

:: 作法

1. 明蝦去頭去殼留尾（圖 a ），斷筋後剖開，兩邊肉劃兩刀，但別劃斷（圖 b ）。
2. 雞蛋只取蛋黃，打散。
3. 培根先沾薄麵粉再放至蝦肉上，每隻蝦上各放一片培根（圖 c ）。
4. 將蛋黃液塗在明蝦肉上，再灑少許碎巴西利後以培根包覆蝦肉，下鍋用白脫油煎熟，再加白酒調味裝盤。
5. 食用時搭配副主食及蔬菜即可。

★ 培根先沾麵粉再包住蝦子的用意，在於避免脫落，造成成品不美觀。
★ 用白脫油煎蝦時油溫不能太熱，否則容易煎焦。

About ...

明蝦

明蝦肉質鮮嫩有彈性，無論香煎、燒烤、油炸都很合適，兼具美顏與營養的效果。建議可到市場選購生鮮的明蝦，以色澤鮮明、摸起來不會黏膩沾手的活跳蝦為佳。若買的是冷凍蝦，注意需挑選外形完整無損、頭身相連沒有變黑的。

Let's
cooking

吉利炸海鮮
塔塔沙司

Deep fried Seafood with Tar-tar Sauce

作法

1 透抽切成圈形，蝦仁剔去腸泥，
   鯛魚切小片，干貝如果太大可一
   切為二，所有海鮮撒上鹽、白胡
   椒粉醃漬入味。

2 將醃好的海鮮先沾麵粉，再沾蛋
   液，然後沾麵包粉入油鍋炸至金
   黃（圖a）。

3 食用時搭配炒飯、沙拉，並附上
   塔塔沙司以供沾取。

材料

透抽	半條
蝦仁	3隻
鯛魚	半片
干貝	3個
麵粉	1大匙
雞蛋	1個
麵包粉	半杯

調味料

鹽	1/8小匙
白胡椒粉	1/8小匙

塔塔沙司
（作法請參考 P.125）

★塔塔沙司的濃稠與酸香，
　最適合搭配著炸海鮮一起
　食用。

起司焗明蝦

Fresh Prawn Gratin

材料

明蝦	……………………	2尾
洋菇	……………………	2個
洋蔥	……………………	1/4個
起司片	…………………	1片
起司粉	…………	1/2小匙
白酒	……………………	1小匙

調味料

鹽	………………	1/8小匙
白胡椒粉	………	1/8小匙
奶油沙司	…………………	半杯

（作法請參考 P.128）

作法

1. 明蝦去頭去殼留尾（圖 a），斷筋後剖開（圖 b），兩邊肉劃兩刀，但別劃斷（圖 c）。撒上鹽、白胡椒粉加以調味。

2. 蝦子沾麵粉、蛋液，用白脫油煎熟，再灑上一些白酒（圖d）。

3. 洋蔥、洋菇炒出香味，再加奶油沙司拌勻。

4. 起司片切成小丁。

5. 明蝦放入烤碗，再加上步驟3的奶油沙司，撒上起司小丁與起司粉，入烤箱用中火5分鐘烤至金黃，食用時搭配副主食及蔬菜。

*美味小魔術 >>

★ 為了避免明蝦在煎時捲曲起來，形狀會不好看，所以要事先做斷筋處理。

★ 蝦子沾麵粉、蛋液之後再煎，多了這道手續會使蝦肉更香甜。

Let's cooking

斯蜜脫焗龍蝦

Lobster A la Thermider

a

About ...

龍蝦 Lobster

龍蝦是一種棲息在海裡的甲殼類動物，因為肉質比其他蝦子有彈性、汁甜味鮮，一直是歐洲廚師眼中的高檔食材！產地分布在地中海到北大西洋沿岸，品種眾多，有的是大螯蝦、有的是長臂蝦，長臂蝦滋味雖然稍遜於大螯蝦，但是比較平價，特別適合燒烤或香煎等烹調方式。

▓▓ 材料

龍蝦	1隻
（約12兩，450公克）	
洋蔥	1/4粒
洋菇	2粒
起司片	1片
起司粉	1小匙

▓▓ 調味料

鹽	1/8小匙
白胡椒粉	1/8小匙
奶油沙司	
（作法請參考 P.128）	

▓▓ 作法

1 生龍蝦以剪刀剪開（圖 a），取蝦肉與殼稍微煮一下，龍蝦肉切成小塊、龍蝦殼備用。

2 洋蔥、洋菇切成小片。平底鍋加熱放入白脫油，將洋蔥、洋菇片炒香。

3 龍蝦肉加奶油沙司，以鹽和白胡椒粉調味。

4 將以上材料裝回龍蝦殼，上加起司丁、灑起司粉放入烤箱，以中火5分鐘烤至金黃色後裝盤。

5 搭配副主食蔬菜即可。

Let's cooking

洛克菲勒明蝦

Rockefeller Reran

材料

培根 ……………………1片
菠菜 ……5公克（約2兩）
大蒜末 …………1/2小匙
洋蔥末 ……………1大匙
明蝦（1斤6尾的）…3尾

調味料

鹽 ………………1/8小匙
白胡椒粉 ………1/8小匙
奶油沙司
（作法請參考 P.128）

作法

1 明蝦洗淨去殼、腳、鬚（圖 a），剖半不切斷（圖 b），撒上鹽、白胡椒粉醃漬。

2 菠菜入滾水汆燙後沖冷水，用手擰去水分後切碎。

3 培根切碎爆香，用吸油紙吸乾油分。

4 大蒜、洋蔥切末。

5 明蝦沾薄麵粉，以中火煎至金黃色。

6 大蒜炒香，將洋蔥、菠菜碎、奶油沙司及少許培根丁倒下鍋拌勻即為菠菜醬。

7 將菠菜醬鋪在明蝦上（圖 c），再灑上爆熟的培根丁，入烤箱以中火烤3分鐘即可裝盤。

8 食用時搭配副主食及蔬菜。

About ...
大蒜

大蒜（蒜頭）氣味絕佳，自古以來廣受大家喜愛。而且對呼吸系統、消化器官皆有天然的殺菌消毒作用，能預防腫瘤發生！

變化巧妙的穀類──主食
義大利麵、米飯&三

Part

3

超懂得享受美食的義大利，曾被歐洲民眾評選為「最想居住的國度」。義大利菜是西餐中特色鮮明的一員，傳統麵食──通心粉（Pasta）更因食材醬汁富於變化，風靡了全世界。其實通心粉並非義大利人所發明，而是行旅於沙漠的阿拉伯商隊在七世紀將某種乾糧帶到了西西里島，逐漸演變成今日的通心粉。製作通心粉的原料──杜蘭小麥（Durum Wheat）是一種最硬質的小麥，其色澤金黃，蛋白質含量又比高筋麵粉高，因此做出來的麵食非常耐煮，咬勁十足！據說光是來自義大利不同地區、奇形怪狀的通心粉就有三百多種，真令人眼花撩亂。就算一天吃一種，也可吃上一整年不重覆呢！

明治

Friend Rice , Sandwich , Pasta ...

千奇百怪義大利麵

西餐職人煮麵密技

怎樣煮出彈牙又滑溜的義大利麵呢？有人說水要放多點，有人說煮好了要過水……各家說法不一。其實每個人對麵條的口感要求並不相同，只要掌握了各種麵條的水煮時間，別讓它們互相沾黏，再運用下方幾個煮麵訣竅，你一定能煮出讓人讚不絕口的義大利麵！

1. 義大利麵很耐煮，所以水要放夠。取深鍋倒入2公升水煮滾，加兩小匙鹽幫助入味。
2. 將大約150公克的麵條放入鍋中，一邊保持水沸（但別蓋鍋蓋，也別加冷水），一邊以筷子或麵杓攪動以免麵條相黏。
3. 為了煮出香Q彈牙的麵，需煮至麵心殘留針尖大小的白點就要撈起，用冷開水沖一下，趕快瀝乾水分。
4. 可灑上橄欖油將麵條和一以免相黏，若馬上要下鍋炒，此時就不必灑橄欖油。

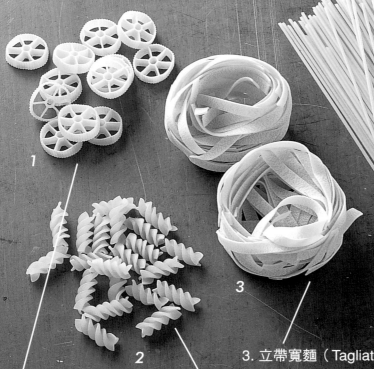

1. 車輪麵（Rotelle）

由於外形有趣，車輪狀的空洞易附著醬汁，可使用於義式雜菜湯、沙拉拼盤或小朋友愛吃的番茄口味菜餚中。
★煮麵需時：8-10分鐘左右

2. 螺旋麵（Fusilli）

將長麵條以機器壓製成形，形狀有如螺絲釘，能在烹煮時將醬料「捲、捲、捲」捲上來。但這類較厚實的短麵需更長時間烹煮才能煮熟，與濃稠的肉醬、奶油白醬最搭。
★煮麵需時：10分鐘左右

3. 立帶寬麵（Tagliatelle）

加入雞蛋做成的寬扁義大利麵，寬度為6公釐，適合搭配奶油培根、茄汁肉醬等味道濃稠的醬汁。
★煮麵需時：8分鐘左右

4. 長條義大利麵（Spaghetti）

此字是義大利文「線」的意思，就是最常見的長麵條，切面呈圓形，有各種粗細麵條。粗的適合較濃稠的醬汁，細的可搭配清爽口味醬汁或清湯。另有切面呈「人」字形的快煮型義大利麵，因受熱面積廣所以較快煮熟。
★煮麵需時：8-10分鐘

5. 墨魚麵（Tigliatelle）

是在麵糰中添加墨魚汁製成的義大利麵。顏色漆黑有如電線，咀嚼時有淡淡墨魚香，最適合搭配各種海鮮一起烹調。
★煮麵需時：8-10分鐘

8. 千層麵（Lasagna）

是義大利北部的傳統美食。將硬麵板水煮過後，就可像三明治一樣將蔬菜、海鮮、起司、碎肉等一層層夾起，再以烤箱焗烤後食用。
★煮麵需時：6分鐘左右

6. 彎管麵（Elbow）

常應用於焗烤或番茄口味的麵食中，是管狀的短通心粉。黃色為原色最常見，綠色是用加了菠菜汁的麵糰做出來的，橘紅色則是加胡蘿蔔汁。
★煮麵需時：8分鐘左右

7. 貝殼麵（Conchiglie）

是義大利文「海貝殼」的意思，Conchigliette 為適合做沙拉的小貝殼麵；Conchiglioni 為常用來裝餡的大貝殼麵。一口吃進貝殼凹槽中沾附的醬料，令人回味無窮。
★煮麵需時：10分鐘左右

9. 蝴蝶麵（Farfalle）

最小的是 Farfallini；中型的是 Farfalle；最大的是 Farfallone。蝴蝶麵兩側細薄，中心較厚，煮到兩端柔軟、中心微韌是最佳口感，適合搭配番茄、橄欖油、奶油白醬炒麵。
★煮麵需時：12分鐘左右

10. 斜管麵（Penne Rigate）

切口處如鉛筆尖般切成斜角的管狀通心粉，最容易入味，適合搭配口味較重的番茄醬等。拌炒時管心會「窩藏」醬汁，吃來特別香Q帶勁。
★煮麵需時：10分鐘左右

西西里海鮮炒麵

Lateen Seafood Spaghetti

材料

義大利麵條	150公克
蛤蜊	4個
透抽	半條
鯛魚	100克
蝦仁	3隻
洋蔥	1/4個
青椒	半個
紅蘿蔔	1/8條
紅辣椒	3片

調味料

奶油沙司
（作法請參考 P.128）

作法

1 義大利麵先煮熟備用。

2 透抽切成圈狀，鯛魚切片，蝦仁去泥腸（圖a），蛤蜊先置水中吐沙。

3 奶油沙司打好備用。

4 紅蘿蔔、洋蔥、青椒、紅辣椒全切絲。

5 平底鍋加沙拉油，將洋蔥、紅蘿蔔、紅辣椒絲炒香，將海鮮料及奶油醬倒入，煮至蛤蜊開口，再加麵和青椒絲拌勻，調味後加入少許白脫油即可完成（圖b）。

*美味小魔術 >>

★西西里炒麵是義大利菜餚之源頭。蛤蜊是這道炒麵鮮味的來源，不能缺少。炒海鮮時只需炒熟即可，炒太久口感會變硬，反而破壞美味。

Let's cooking

義大利肉醬麵
Spaghetti Meat Sauce

▓▓ 材料

牛絞肉 ……………………1斤
大蒜 ……………………3個
洋蔥 ……………………1個
洋菇 ……………………5粒
番茄粒 …………………1杯
番茄汁 …………………2小罐
番茄糊 …………………2大匙
義大利香料 ……………1大匙
百里香 …………………1/2大匙
匈牙利甜椒粉 …………1/2大匙
義大利麵條 ……………150公克
月桂葉 …………………2片

▓▓ 調味料

義大利沙司
（作法請見 P.129）

▓▓ 作法

1　洋蔥、大蒜、洋菇、番茄粒等全部要切碎。義大利麵煮熟備用。

2　大蒜炒香後加入洋蔥及牛絞肉拌炒，接著將番茄糊倒進去炒散（圖a）。

3　加入香料和月桂葉炒出香味（圖b），再加番茄粒、番茄汁、洋菇，煮至牛絞肉爛後調味。

4　煮熟的義大利麵用白脫油炒香，先加少許義大利沙司調勻，最後撒上義大利香料作點綴，即為經典義式肉醬麵。

*美味小魔術 >>

★ 配上烤得酥脆的香蒜麵包，保證每個人吃得大呼過癮！

★ 喜歡香濃醬汁的人可多撒一些起司粉，能增加乳香和厚實的口感。

●●● 93

Let's cooking

義式白酒蛤蜊麵

Spaghetti with Clam and Garlic

:: 材料

義大利麵條 150公克
蛤蜊 12粒
大蒜 1粒
青、紅、黃椒 ...各1/4粒
洋蔥 1/4個
九層塔 1小把
白酒 1大匙
橄欖油.................少許

:: 作法

1 義大利麵先煮熟備用。

2 蛤蜊吐沙,青椒、紅椒、黃椒、洋蔥切絲,大蒜切片,九層塔捏去粗梗與花,只用芯、葉(圖a)。

3 大蒜爆香,加入蛤蜊煮至開口後馬上撈起(圖b),放旁邊備用。

4 洋蔥炒香後加入青椒、紅椒、黃椒絲拌炒,再加入麵條與白酒稍炒後調味。

5 起鍋前加入九層塔、少許橄欖油拌勻裝盤,再將蛤蜊放在麵上。

*美味小魔術 >>

★可改用墨魚麵代替義大利麵。

★九層塔無油不好吃,所以若有使用九層塔就一定要加橄欖油,讓香味得到完全釋放!

特製牛肉千層麵
Beef Lasagna

材料

千層麵麵板 …………1包
義大利肉醬 ……300公克
牛肉 ……………100公克
起司絲 …………20公克
起司粉 …………10公克

★煮麵板時水要多放一點，
 並不時攪動麵板，以免沾
 鍋燒焦，影響滋味。
★也可改用蔬菜或義式香腸
 當作餡料，做西餐就是要
 發揮想像力！

作法

1 麵板煮熟後，泡一下冷水再撈起
 瀝乾，平放到濕棉布上，小心不
 要堆疊相黏。

2 牛肉稍微煮一下（不要太熟），
 再切成片狀。

3 烤盤底先抹少許白脫油，墊入一
 片麵板，上頭加一層義大利肉醬
 （圖a）、一層牛肉片，然後再鋪
 一片麵板。如此各三層。

4 最後撒上起司絲、起司粉（圖
 b），放入烤箱烤5分鐘至表面焦
 黃起泡，就能趁熱享用啦！

a

b

Let's cooking

a

b

c

起司焗火腿雞絲通心粉

Macaroni Ham & Chicken in Gratin

▓▓ 材料

通心粉	150公克
雞胸肉	1片
火腿	1片
奶油醬	半杯
洋蔥	1/4個
洋菇	2粒

▓▓ 調味料

鹽	1/4小匙
白胡椒粉	1/8小匙
奶油沙司	

（作法請參考 P.128）

▓▓ 作法

1 通心粉煮熟後過一下冷水（圖 a），迅速撈起瀝乾。

2 雞胸肉、火腿、洋蔥切成絲，洋菇去蒂切片。

3 洋蔥、洋菇用白脫油炒香，加雞肉絲炒熟，依序加入通心粉、火腿、奶油沙司拌勻（圖 b），再以鹽、胡椒粉調味。

4 裝入烤碗，上加起司絲、起司粉（圖 c），放進烤箱烤5分鐘至表層焦黃即可。

 美味小魔術 >>

★ 煮通心粉要注意要煮得有Q度才好吃，太硬怕沒熟、太軟沒嚼勁。煮麵時可舀一些起來試試口感。

★ 此道菜餚可當作主菜也可當配菜，調整份量即可。

夏威夷炒飯

Fried Hawaiian with Rice

⠿ 材料

鳳梨 ………………1個
火腿丁 75公克（約2兩）
蝦仁 …………75公克
洋蔥 ………………1/4個
青豆仁 …………1大匙
紅蘿蔔 …………1大匙
玉米粒 …………1大匙
白飯 ………………1碗
肉鬆 ………………1大匙

⠿ 作法

1 洋蔥、紅蘿蔔切小丁與青豆仁一起以滾水汆燙，蝦仁煮熟即撈起，火腿切丁備用。

2 鳳梨切半，一份取出果肉，並讓果皮保持完整盅型（圖 a）。挖出的鳳梨果肉切丁備用。

3 洋蔥炒香後將步驟1下鍋一起熱炒，最後再加入白飯炒出香味（圖 b）。

4 灑上少許醬油與黑胡椒粗粒粉，拌勻後將炒飯裝入鳳梨盅內，放上鳳梨丁再灑上肉鬆。

★鳳梨丁不需和炒飯拌在一起，因為鳳梨會滲出汁液，炒飯一旦浸濕就不那麼爽口了。

★也可用鋼盤架高鳳梨盅，底下點燃酒精膏加熱，更能散發酸酸甜甜的鳳梨飯香。

Let's cooking

*美味小魔術 >>

★炒咖哩粉時，應注意火候的
　掌控，要用小火，而且勿炒
　太久以免變黑。

咖哩炒飯

Fried Curry with Rice

■■ 材料

玉米粒 ……………1大匙
青豆仁 ……………1大匙
紅蘿蔔丁 …………1大匙
洋蔥 ………………1/4個
蝦仁 …75公克（約2兩）
火腿 ……………75公克
雞蛋 ………………1個
咖哩粉 ……………1大匙
肉絲 ………………1大匙
白飯 ………………1碗

■■ 調味料

紅蔥頭酥 …………1小匙
乾洋蔥絲 …………1小匙
鹽 …………………1/4小匙
白胡椒粉 …………1/8小匙

■■ 作法

1 青豆仁、玉米、紅蘿蔔丁以滾水汆燙，蝦
　仁煮熟即撈起，火腿與洋蔥皆切丁備用。

2 起熱鍋炒蛋，將所有蔬菜與肉絲倒入拌
　炒，並且撒下咖哩粉炒出香味（圖a）。

3 再加入白飯繼續炒至飯粒變鬆不結塊，再
　以鹽和白胡椒粉調味（圖b）。

4 起鍋前加入紅蔥頭酥稍微攪拌，裝盤後再
　將乾洋蔥絲置於表面，炒飯旁邊搭配其他
　蔬菜。

鮭魚炒飯

Fried Salmon with Rice

∷ 材料

新鮮鮭魚	150公克
芹菜	1大匙
洋蔥	1大匙
紅蘿蔔	1/3根
青豆仁	1大匙
雞蛋	1個
白飯	1碗
肉鬆	1小匙

∷ 調味料

美極醬油	1/2小匙
白胡椒粉	1/8小匙
鹽	1/8小匙

∷ 作法

1 鮭魚去骨切丁（圖a），芹菜、洋蔥各自切碎，紅蘿蔔切小片。

2 起熱鍋炒蛋，加入洋蔥、芹菜碎炒香，再一一放入鮭魚丁、紅蘿蔔片、青豆仁炒熟（圖b）。

3 白飯下鍋一同拌炒，並以美極醬油、白胡椒粉、鹽加以調味。

4 炒飯裝入碗中以湯匙壓緊（圖c），再倒扣到盤子上以成型。

*美味小魔術 >>

★炒飯也可附上泡菜作搭配（甜、酸、辣任一口味均可自行選用）。

Let's cooking

鮮蝦仁炒飯

Fried Shrimp with Rice

材料

紅蘿蔔丁 1大匙
玉米粒 1大匙
青豆仁 1大匙
蝦仁 150公克
青蔥 2支
雞蛋 1個
飯 1碗

調味料

醬油 1/2小匙
黑胡椒粉 1/8小匙
鹽 1/8小匙

作法

1 青蔥切丁。

2 紅蘿蔔切小丁，和玉米、青豆仁一起入滾水汆燙（圖a）。

3 熱鍋炒蛋加蝦仁、青蔥炒熟後，拌入所有的蔬菜（圖b），並將白飯下鍋一起炒散。

4 加入醬油和黑胡椒粉、鹽炒勻調味。

*美味小魔術 >>

★炒飯所用的白飯，米與水的比例為1：1，而且飯粒要炒開不要黏結成團，這樣的炒飯才能粒粒晶瑩、口感疏鬆。

a

b

青椒肉絲炒飯

Fried Capsicum annuum & Meat with Rice

◌◌ 材料

洋蔥絲	……………1大匙
青椒絲	…………1大匙
豬肉	…75公克（約2兩）
雞蛋	……………1個
白飯	……………1碗
香油	…………1/4小匙
太白粉	………1/4小匙
紅蔥頭豬油	………少許

◌◌ 調味料

醬油	……………1/2小匙
白胡椒粉	………1/8小匙
鹽	……………1/8小匙

◌◌ 作法

1 洋蔥、青椒切絲。

2 豬肉切絲，以醬油、香油、太白粉拌勻（圖 a）。

3 熱鍋炒蛋，加肉絲、洋蔥炒出香味，再將青椒、白飯加入拌炒，最後加入紅蔥頭豬油炒勻增加香味（圖 b）。

Let's cooking

Let's cooking

About ...
番茄

來自拉丁美洲的番茄，紅潤光澤的模樣令人想起「臉紅得像番茄」這句話。雖然熟透的番茄常被觀眾用來丟擲差勁的演員，但常吃番茄卻有驚人的抗癌效用！番茄就像清潔工，能清除器官中的毒素，還會淨化血液、保護肝臟，而且可緩解某些皮膚病。

總匯三明治
Club Sandwiches

材料

雞胸肉................半個
洋火腿 1片
雞蛋 1個
美生菜 1片
番茄 ....半個
沙拉醬 1小匙
吐司 3片

作法

1 雞胸肉先煮熟，放涼後切薄片，生番茄切成片狀。
2 蛋打散後煎熟，火腿也稍微煎一下。
3 烤吐司上面薄薄地抹一層白脫油。
4 將美生菜拍平，塗上沙拉醬，加上兩片番茄片。
5 把火腿煎蛋放在吐司上，再覆上另一片吐司與步驟4一起做成三明治，沿對角線切成四等份。

 *美味小魔術* >>

★總匯三明治容易滑動，要切時先插上4支牙籤固定，這樣比較不會變形。

鮪魚沙拉三明治

Tuna Fish Salad Sandwiches

材料

鮪魚罐頭 1罐
吐司 2片
沙拉醬 1大匙
芹菜末 1小匙

作法

1 鮪魚罐打開後瀝去油脂,將魚肉捏碎。

2 芹菜切去頭與葉後入滾水汆燙,瀝乾水分後切碎,與沙拉醬和鮪魚一同拌勻做成鮪魚沙拉醬。

3 吐司先抹白脫油後再鋪上鮪魚沙拉醬,覆上另一片吐司之後切成兩等份。

4 三明治裝盤時可用新鮮翠綠的巴西利作裝飾,但注意要清洗乾淨喔!

 美味小魔術 >>

★ 用當天新鮮的吐司來做三明治,會比較柔軟好吃。

★ 可隨餐附上小朋友愛吃的洋芋脆片,或奇異果、葡萄、小番茄等水果,不僅營養均衡而且食物配色也好看。

Let's cooking

培根生菜番茄三明治

B.L.T Sandwiches

:: 材料

吐司 2片
培根 3片
美生菜 1斤
番茄 .... 半個
沙拉醬 1小匙

:: 作法

1 先將培根煎得邊緣脆脆的，番茄切成片狀。

2 吐司烤至褐色，抹上白脫油。

3 美生菜拍平（圖 a）抹上沙拉醬，再與番茄片、培根放在一片吐司上，上頭覆蓋另一片吐司，沿對角線切成兩等份。

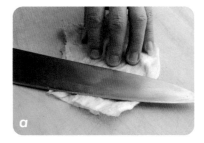

a

*美味小魔術 >>

★ 這是歐洲非常風行的餐點。在選購培根時，以五花肉做的培根最合用，因為煎好後會變得香脆；肉質太瘦的培根煎起來會比較乾硬，就沒那麼好吃了。

Let's cooking

香蕉花生三明治

Banana & Peanut Sandwiches

▓▓ 材料

花生醬 ……………2小匙
白脫油 ……………2小匙
香蕉………………半條
吐司 ………………2片

▓▓ 作法

1 吐司烤成褐色，先抹白脫油再抹花
　生醬，兩片吐司都要抹。

2 香蕉去皮切成薄片鋪在步驟1的吐
　司上，再將另一片吐司蓋上去。

*美味小魔術 >>

★ 香蕉使用前再剝皮，以免褐變反應發生而影響色澤。

★ 購買花生醬時，選擇不要有顆粒的比較好操作。若是早
　餐想烤花生厚片吐司，使用顆粒花生醬會更香甜可口。

●●● 105

牛排三明治
Beefsteak Sandwiches

材料

菲力牛排75公克（約2兩）
吐司 ……………………2片
美生菜 …………………1片
番茄 …………………1/2個
沙拉醬 …………………1/2杯
洋蔥圈 …………………2圈
白脫油 …………………1/8小匙

調味料

鹽 ……………………1/8小匙
黑胡椒粉 ………1/4小匙

作法

1 吐司用烤麵包機烤至表面呈褐色，
切去麵包邊，其中一面抹上薄薄一
層白脫油。

2 菲力牛排修筋去油後，用肉鎚拍打
成四方形再以鹽、黑胡椒粉調味。

3 美生菜洗淨泡冰水，將水分瀝乾，
再用刀拍扁切成四方形（圖 a ），並
抹上沙拉醬。

4 番茄切成薄片放在生菜上面，再加
兩片洋蔥圈一起放到一片吐司上。

5 用平底鍋把牛排煎成褐色，並加少
許白脫油，然後將牛排放在另一片
吐司上，即可完成牛排三明治。

a

★牛排沾一層薄薄麵粉之後再煎，
這樣比較不會縮成一小片。

Desserrt & Beverge ...

令人期待的——附餐

甜點&飲料

Part

4

西方的餐廳十分講究分工合作，有的餐廳還會特別聘請點心師傅。法文的甜點也叫「Dessert」，此字原義為「把桌上餐具收走」，想想也是啦，主菜的餐具收走之後，接著端上來的不就是點心嗎？而恰到好處的甜點與飲料，更可以替西餐畫下完美的句點，讓在座所有人留下溫馨的回憶……

Dessert&Beverge ...

Let's cooking

香醇乳酪蛋糕

Cream Cheese Cake

▪▪ 材料

奶油乳酪 1條（約1公斤）
雞蛋 ……………………6個
細砂糖……………………半杯

▪▪ 作法

1 蛋黃蛋白分開。

2 奶油乳酪用攪拌機拌至完全軟化後
再加蛋黃。

3 蛋白打至發泡再加糖（打到以杓子
撈起時會呈現小彎鉤狀，看起來硬
硬的即可），再把起司加進來拌勻，
裝入蛋糕模。

4 烤箱預熱，烤盤中倒入一杯熱水，
用隔水加熱的方式烤，上火200℃，
下火200℃約烤40分鐘。

5 出爐前用刀插一下蛋糕再拔出，若
刀上有少許沾黏即代表烤得很成
功。

*美味小魔術 >>

★ 奶油乳酪自冰箱取出後要在室溫
下放軟再攪拌，絕對要攪拌到完
全軟化才可加入蛋黃，不然吃起
來會有乳酪結塊之感。

★ 隔水烘烤的功能，在於使蛋糕不
易龜裂。

★ 等到蛋糕完全降溫後，再用小刀
貼著烤模邊緣劃開，這樣蛋糕跟
模子就能漂亮地分開了。

★ 切蛋糕時，刀子用火稍微烤一下
再切，切口才會平整──這可是
行家才曉得的手法唷！

Let's cooking

*美味小魔術

★鮮奶油要打至表面紋路非常明顯，若打得不夠，鮮奶油太稀軟則無法擠出漂亮花紋，且容易塌陷；但打得太久則質地粗糙，無法抹平。夏天打發鮮奶油最好準備冰水，以隔水法打效果較好。

鮮奶油水果蛋糕
Cream Fruit Cake

材料

雞蛋 ……………………8個
細砂糖 …………480公克
（打蛋白用的糖）
柳丁汁 ………………1杯
沙拉油 ……………1.25杯
細砂糖 …………100公克
（打蛋黃用的糖）
泡打粉 …………1/2大匙
鮮奶油 ……………1/3杯
什錦水果……………半罐
低筋麵粉 …………2杯半

作法

1 雞蛋的蛋白、蛋黃分開。先做蛋黃部分。

2 蛋黃加細砂糖（100公克）拌勻，把柳丁汁加進去，再加入篩過的麵粉及沙拉油，最後倒入泡打粉拌勻。

3 蛋白用網狀打蛋器拌至發泡，加砂糖（480公克）打至發硬，然後以打蛋器轉慢速攪拌，一邊將步驟2加進去。

4 烤盤墊上烤盤紙，放入打好的蛋糕糰送進烤箱，以上火190℃、下火180℃烤約25分鐘。

5 把烤好後的蛋糕放置一旁冷卻。

6 將鮮奶油打到發泡。

7 罐裝什錦水果瀝去水分，與打發的鮮奶油拌勻。

8 蛋糕切成小方塊，中間夾拌好的什錦水果，上面再覆一層蛋糕，然後再抹薄薄一層鮮奶油，用新鮮水果裝飾在鮮奶油上，甜蜜水果蛋糕就完成啦！

Let's cooking

巧克力蛋糕捲

Chocolate Roll

:: 材料

雞蛋 ……………………8個
低筋粉 ………………2杯
沙拉油 ………………3/4杯
細砂糖 ………………2杯
（打蛋白用的糖）
細砂糖 ………………3/4杯
（打蛋黃用的糖）
蘇打粉 ………………1/2大匙
三花奶水 ……………1/4杯
鮮奶油 ………………1/3杯
可可粉 ………………1/2大匙
可可脆片…………………少許

:: 作法

1 蛋白、蛋黃分開。

2 蛋黃加砂糖2杯拌勻，加三花奶水、沙拉油、篩過的低筋麵粉、可可粉、蘇打粉拌勻。

3 烤盤墊上烤盤紙，放入打好的蛋糕糰送進烤箱，以上火190℃、下火180℃烤25分鐘。

4 烤好後取出放置一旁冷卻。

5 鮮奶油打到發泡。

6 放一張蛋糕紙將蛋糕與鮮奶油一起捲成圓條狀，形狀固定後置入冰箱。冰冷後再切成蛋糕捲。

7 以鮮奶油、可可脆片裝飾蛋糕捲。

*美味小魔術 >>

★砂糖一定要打散，如果蛋糕上有白點就是糖尚未打散。

★有的人喜歡吃甜滋滋的巧克力，有的人則愛稍帶苦味的「大人口味」，所以在蛋糕捲的甜度拿捏上，可依個別喜好增減可可粉與細砂糖的量。

Let's cooking

焦糖格斯布丁
Caramel Custard Pudding

❧ 布丁製作材料

三花奶水 ………… 1/2杯
水 …………………… 1杯
香草粉 …………… 1小匙
細砂糖 …………… 1/2杯
雞蛋 ……………… 3個

❧ 布丁製作步驟

1 把蛋、香草粉、糖、水用打蛋機攪拌均勻。

2 徐徐倒入三花奶水，同時拌勻。

3 焦糖（作法如下）趁熱時舀起約1/2茶匙放入布丁杯底，上加過濾好的蛋奶液，放入烤箱用隔水加熱法上下各200℃烤30分鐘。

4 取出放涼，再放入冰箱冷藏。

❧ 焦糖製作材料

細砂糖 …………… 1/4杯
柳丁皮 …………… 2片
檸檬皮 …………… 2片

❧ 焦糖製作步驟

用乾鍋將糖及柳丁皮、檸檬皮炒至褐色，加少許水，待焦糖滴入水裡可凝固時即可關火。

*美味小魔術 >>

★ 焦糖煮好後要將增加香味的果皮挑掉，免得吃到果皮時會感到澀澀的。也可嘗試將布丁做成咖啡口味、蜂蜜口味。

★ 以上材料可做6份中型的布丁，烤好的布丁得先脫模後再做裝飾。

Let's cooking

鮮奶蛋塔

Fresh Cream Egg Tart

蛋塔皮材料

中筋麵粉 ⋯⋯⋯⋯⋯1杯
糖粉 ⋯⋯⋯⋯⋯⋯1/2杯
白脫油 ⋯⋯⋯⋯⋯1/2杯
雞蛋 ⋯⋯⋯⋯⋯⋯1個
奶粉 ⋯⋯⋯⋯⋯⋯2大匙
香草粉 ⋯⋯⋯⋯⋯1/8小匙
錫箔杯⋯⋯⋯⋯⋯⋯數個

蛋塔餡材料

雞蛋 ⋯⋯⋯⋯⋯⋯3個
三花奶水 ⋯⋯⋯⋯1/2杯
水 ⋯⋯⋯⋯⋯⋯⋯1杯
香草粉 ⋯⋯⋯⋯⋯1/8小匙
細砂糖 ⋯⋯⋯⋯⋯1/2杯

蛋塔皮製作步驟

1 將糖粉與白脫油拌勻，加入蛋液再拌勻，再加麵粉及奶粉、香草粉，用攪拌機全部攪拌均勻。

2 將步驟1的麵糰捏成小糰後壓平，鋪放在錫箔杯上。

3 將蛋塔餡（作法如下）注入麵糰杯至9分滿，送入烤箱以上下火200℃烤20分鐘，取出放涼即是乳香濃郁的蛋塔了！

蛋塔餡製作步驟

將所有材料一起拌勻過濾。

爽健養生茶
Healthy Herb Tea

✿ 材料
枸杞子……………三錢
甘草………………一片
紅棗………………數顆
蔘鬚………………一小束

✿ 作法
1 所有材料以冷開水稍微清洗，裝入玻璃壺中。
2 滾熱的開水沖入壺內，蓋上壺蓋靜置10分鐘後再飲用。

Let's cooking

 美味小魔術 >>

★最近由於漢方養生智慧在全世界蔚為風潮，許多西餐廳也開始提供一些健康的草本飲料、養生熱茶……等等，可說是上館子的顧客之福！

★紅棗本身已具有甜味，若喜歡喝甜一點，可再加入蜂蜜或冰糖。

★甘草只能用1到2片，不要過量，免得產生反效果（使用過量會造成體內積存過多的鈉，妨害健康）。

維也納咖啡
Viennese Coffee

■■ 材料

發泡鮮奶油
深度烘焙的咖啡豆
砂糖

■■ 作法

1 鮮奶油用打蛋器打至發泡，裝入擠花袋。

2 咖啡豆研磨成粉，用咖啡器沖泡出來。砂糖先撒入杯中，再緩緩注入熱咖啡。

3 將擠花袋中的鮮奶油以畫圓圈方式擠出，使其漂浮於咖啡上，不需攪拌。

4 喜歡甜味的人，也可在鮮奶油擠上一些巧克力糖漿，或灑上彩色巧克力米。甜甜的巧克力點綴在雪白的鮮奶油上，能為視覺享受加分喔！

*美味小魔術 >

★ 為什麼煮咖啡前才研磨豆子會比較好呢？這是因為咖啡豆比咖啡粉更能維持新鮮度的緣故。咖啡一旦氧化，香味就會變調了。

★ 咖啡豆磨太細容易阻塞，但也不能故作粗獷地只磨兩三下！顆粒過粗將不容易出味，建議磨2至2.5分鐘即可。

About ...
維也納咖啡

維也納人對咖啡頗為迷戀，他們將咖啡、音樂和華爾滋並列為「維也納三寶」。

據說很久以前維也納有個敝篷馬車夫，在寒冷的冬夜一邊等主人歸來，一邊為自己沖泡咖啡。他一時感慨，想起了妻子在家中為他泡咖啡的溫柔身影。馬車夫沉醉於愛情的想像，一不留神竟在杯中倒了許多奶油而不自覺……。人們發現這種加了奶油的咖啡特別好喝，便廣為流傳。

喝維也納咖啡不必急著攪拌，可以先舀起鮮奶油嚐嚐那綿柔甜美的口感；再啜飲熱呼呼的咖啡，感覺就像墜入情網的戀人，心緒時而寒涼、時而暖熱地起伏著，別有一番滋味。

Let's cooking

卡布奇諾咖啡

Cappuccino

🔹 材料

發泡鮮奶油
曼巴咖啡
糖包
肉桂粉
檸檬綠色薄皮

🔹 作法

1 鮮奶油用打蛋器打至發泡，裝入擠花袋中。

2 咖啡研磨成粉，以濃縮咖啡機沖泡之後倒入杯中。

3 將擠花袋內的鮮奶油擠在咖啡上，記得灑上少許肉桂粉。

4 綠色檸檬薄皮切細絲，取些許裝飾在鮮奶油上。

About ...

卡布奇諾咖啡

義大利文的Cappuccino源於「頭巾」一詞，指寬鬆長袍和小尖帽。最早是一個基督教派別的名稱，此派教士身穿附有蓋頭風帽的深褐色長袍，帽子的外形就彷彿咖啡上的牛奶泡泡般。

美味小魔術

★ 肉桂皮現磨的肉桂粉味道較濃郁，市售粉末由於部分香氣已經揮發，感覺比較不優。

★ 切檸檬皮時只取綠色部位就好，倘若切到白肉處，喝的時候會泛出苦味。

★ 特級的卡布奇諾咖啡可用肉桂棒代替咖啡攪拌匙。用後稍加清洗，晾乾或烤乾後即可重複使用，直到香氣消失再丟棄就行了。

Let's cooking

117

極光冰咖啡

Aurora Ice Coffee

Let's cooking

材料

冰專用咖啡豆
鮮奶油
細糖
咖啡奶球

作法

1 開水煮開約96至102℃，但沖咖啡最好的溫度是85至90℃。

2 將冰咖啡專用豆研磨成粉狀。

3 底盤先加冰塊及細白糖，架上沖咖啡架來沖。

4 冰咖啡沖好後用打蛋器打出泡沫，再以濾紙過濾。

5 冰咖啡倒入杯中，加上冰塊後先擠鮮奶油，再加咖啡奶球。

*美味小魔術 >>

★冰咖啡是越冰越好喝，但要注意不要冰到結冰啦！

★咖啡打出泡沫後之所以要濾掉，是因為泡沫較苦，濾掉後咖啡會更純香。

★曾有人說咖啡就是要熱熱地喝才香濃，但若用心去做，也能沖泡出別具風味的冰咖啡！不過並非任何咖啡都適合冰飲，有的放涼了就會香味全失，所以你大可多試試幾種豆子，直到找出最符合自己的口味來。

鮮純柳橙汁

Fresh Orange Juice

Let's cooking

材料

柳丁……………………數顆
紅櫻桃……………………1顆

作法

1 柳丁洗淨，榨成汁後放冰箱冷藏，容器記得加蓋，以免混入其他食物的氣味。

2 果汁冰涼後倒入杯裡，以紅櫻桃及柳丁片等裝飾杯緣。

☆美味小魔術 >>

★如果喜歡帶有果粒的口感，可於榨汁時保留一些果肉。若要讓果汁顯得澄清，則可將新榨的柳丁汁過濾後再裝入杯中。

★假使貪圖方便而用市售果汁代替就遜掉了！因為那些多為濃縮還原果汁，口感與營養當然比不上鮮榨果汁囉！

相得益彰的——醬汁
製備九種佐餐醬汁

Part

大家都知道，「醬汁」是西餐裡奧妙十足的一環。醬汁搭配得好，不但能誘發食材本身蘊含的滋味，還能讓餐點看起來色澤光鮮、香氣誘人，達到為美食畫龍點睛之效！

Let's cooking

洋菇沙司
Mushrooms Sauce

■■ **材料**

肉汁 ……………… 1/2杯
洋菇 ……………… 2粒
洋蔥末 …………… 1大匙

■■ **調味料**

辣醬油 ………… 1/4小匙
白酒 …………… 1/2小匙

■ **作法**

1 洋蔥切末，洋菇切去蒂頭後切片。

2 步驟1下鍋炒香後，加入肉汁。

3 以辣醬油和白酒稍作調味。

Let's cooking

黑胡椒醬

Black Pepper Sauce

▓ 材料

大蒜	2大匙
洋蔥	1/2杯
培根	1/4杯
紅辣椒	1/4杯
白胡椒粒	1/4杯
黑胡椒粒	1/2杯
白酒	2大匙

作法

1 大蒜、洋蔥切碎。

2 紅辣椒去籽後切碎；培根切碎。

3 黑、白胡椒粒用果汁機打碎。

4 大蒜慢火炒香，依序加入洋蔥、培根、紅辣椒，並撒上打碎的黑白胡椒炒至香味四溢，最後灑上白酒即可完成。

Let's cooking

肉汁
Gravy

■■■■■

■■ 材料

雞骨 ⋯⋯⋯⋯⋯1.5斤
芹菜 ⋯⋯⋯⋯⋯4兩
洋蔥 ⋯⋯⋯⋯⋯4兩
大蒜 ⋯⋯⋯⋯⋯2兩
紅蘿蔔 ⋯⋯⋯⋯4兩
番茄糊 ⋯⋯⋯⋯2大匙
番茄汁 ⋯⋯⋯⋯1杯
義大利香料 ⋯⋯⋯1大匙
百里香 ⋯⋯⋯⋯1小匙
月桂葉 ⋯⋯3片（揉碎）
麵粉 ⋯⋯⋯⋯⋯3大匙

■■ 調味料

鹽 ⋯⋯⋯⋯⋯1小匙
白胡椒粉 ⋯⋯⋯1/8小匙

■■ 作法

1 芹菜、洋蔥、紅蘿蔔用果汁機攪打。

2 雞骨洗淨後烤至褐色。

3 步驟1與2倒入番茄糊及各種香料拌炒，然後再撒下麵粉炒香。

4 最後加入高湯與番茄汁拌炒均勻，直至散發出香味。

5 用鹽和白胡椒粉稍作調味。

塔塔沙司

Tar-tar Sauce

材料

雞蛋 ………………… 1粒
甜黃瓜 ……………… 1條
酸黃瓜 ……………… 半條
沙拉醬 ……………… 1/2杯

作法

1　雞蛋煮熟去殼切碎。

2　甜黃瓜、酸黃瓜切碎。

3　雞蛋、甜黃瓜、酸黃瓜、沙拉醬加
　　在一起拌勻。

Let's cooking

蛋黃醬
Mayonnaise

材料

蛋黃 ……………………3粒
細砂糖 …………………3大匙
鹽 …………………1/4小匙
工研白醋 ………………1/4杯
檸檬汁 …………………1/4杯
芥末粉 …………………1大匙
沙拉油 …………………4杯

作法

1 雞蛋只取蛋黃放入打蛋盆，將細砂糖、鹽、醋、芥末粉倒下去一起拌勻。

2 慢慢的加入沙拉油，繼續打成糊狀。

3 最後加入檸檬汁拌勻。

Let's cooking

法式沙拉醬

French Sauce

∷ 材料

大蒜切末	………1/4小匙
鹽	………1/4小匙
白胡椒粉	………1/8小匙
黃芥末醬	………1/4小匙
沙拉醬	…………3大匙
白酒醋	…………1大匙

∷ 作法

非常簡單！

將所有材料拌勻即可完成。

Let's cooking

奶油沙司
Cream Sauce

材料

高筋麵粉 ···········1/4杯
白脫油 ··············1大匙
沙拉油 ··············2大匙
高湯 ················2杯
鹽 ·················1/2小匙

作法

1 白脫油加沙拉油、麵粉炒香，
　加入高湯中，用打蛋器拌勻。

2 以網篩過濾。

3 加入鮮奶油拌勻，撒鹽稍作調
　味即完成。

Let's
cooking

義大利沙司
Italian Sauce

材料
大蒜 ⋯⋯⋯⋯⋯⋯2小片
洋蔥 ⋯⋯⋯⋯⋯⋯1粒
番茄糊 ⋯⋯⋯⋯⋯1小匙
百里香 ⋯⋯⋯⋯1/4小匙
義大利香料 ⋯⋯1/2小匙
匈牙利甜椒粉⋯⋯⋯少許
小粒番茄 ⋯⋯⋯⋯2顆
洋菇 ⋯⋯⋯⋯⋯⋯2粒
番茄汁 ⋯⋯⋯⋯⋯1小罐

調味料
鹽 ⋯⋯⋯⋯⋯⋯1/2小匙
白胡椒粉 ⋯⋯⋯1/4小匙

作法
1 大蒜慢火炒香。

2 再依序加入：洋蔥、番茄糊、各式香料炒至散發香味。

3 接著加入切成碎粒的小番茄、洋菇、番茄汁拌勻。

4 以鹽、胡椒粉調味即成。

Let's cooking

荷蘭醬
Hollandaise Sauce

▓▓ 材料

蛋黃 3個
鹽 1/8小匙
糖 1/4小匙
*Tabasco*辣椒水 1/8小匙
檸檬汁 1/4杯
白脫油 1磅

▓▓ 作法

1 白脫油放置於不鏽鋼盆內隔水加熱至溶化。

2 平底鍋裝水至一半加熱,將打蛋盆放在平底鍋上。
　 放入三粒蛋黃,撒下鹽、糖、辣椒水。

3 接著將溶化的白脫油慢慢加入步驟2中攪拌。

4 再加入新鮮檸檬汁拌勻即可。

Let's cooking

香料、食材上哪買？

隨著國際化貿易越來越興盛，包含蔬果、香料、肉品在內的進口商品也開始在台灣各地出現。想製作風味純正的西餐嗎？建議你不妨前往這些店家走走看看，一定會有所收穫的！

✦ 西餐食材用品專賣店

★ 物豐餐飲專業　http://www.wnlfood.com.tw/index.php
專門供應歐美食材，包含烹調、飲料、烘焙等原料，不少飯店、西餐廳都來此採買食材。
可至門市諮詢選購或上網訂貨。
Tel：（02）2557-4390・2557-4391・2553-4541　Fax：（02）2557-5637
地址：台北市大同區迪化街一段179號一樓

★ 勝達行　http://www.sengta.com.tw
供應中西式餐飲廚具、餐具、刀具、食品機械等，也包括營業用內外場器具。
Tel：（02）2596-9732・2594-7970　Fax：（02）2597-0653
地址：台北市大同區迪化街二段300號

★ 獅城企業
供應各種研磨咖啡、即溶咖啡及進口咖啡原豆，並自設工廠烘焙。也可在此採買歐美式咖啡機。
Tel：（02）2721-9790　Fax：（02）2721-9845
工廠：桃園縣蘆竹鄉錦興村錦華路67號

✦ 超市、大賣場、購物中心

頂好超市、松青超市、大潤發、COSTCO好市多、JUSCO佳世客、家樂福、TESCO特易購、愛買吉安、SOGO百貨、大立伊勢丹百貨、中友百貨、明曜百貨、高島屋百貨、新光三越百貨、遠東百貨、漢神百貨、台北101、京華城、美麗華、新竹風城、微風廣場、環球購物中心……許多百貨公司都設有超市，很容易買齊各國進口食材及調味料，光是逛一逛也挺好玩的！

✦ 花市、園藝展售場

若想在自家陽台栽種薄荷、迷迭香等香草植物，每逢做料理時就可現摘現用，新鮮又便利！各縣市花卉園藝展售場或假日花市都有香料植物的盆栽可供選購喔！

銀杏 GINKGO

黃師傅教你簡單做西餐

作　　者：黃金生、倪維亞
出 版 者：葉子出版股份有限公司
發 行 人：葉忠賢
主　　編：鄧宏如、林淑雯
文字編輯：林玫君
美術編輯：上藝設計
攝　　影：徐博宇、林宗億（迷彩攝影）
印　　務：許鈞棋
地　　址：台北縣深坑鄉北深路三段260號8樓
電　　話：（02）8662-6826
傳真：（02）2664-7633
讀者服務信箱：service@ycrc.com.tw
網址：http://www.ycrc.com.tw
印刷：上海印刷廠股份有限公司
初版一刷：2008年5月
ISBN：978-986-7609-94-6
新台幣：350元

國家圖書館出版品預行編目資料

黃師傅教你簡單做西餐 /黃金生,倪維亞著,
- - 初版. -- 臺北縣深坑鄉：葉子, 2008.
05
面；　公分. -- (銀杏)

ISBN 978-986-7609-94-6(平裝)

1. 食譜
427.12　　　　　　　　　95007080

總 經 銷：揚智文化事業股份有限公司
地　　址：台北縣深坑鄉北深路三段260號8F
電　　話：(02)8662-6826
傳　　真：(02)2664-7633

美味書卡　可以剪下來當書籤喔！

蘋果燴豬排

摘自《黃師傅教你簡單做西餐》P.39

夏威夷豬排

摘自《黃師傅教你簡單做西餐》P.45

鴛鴦牛排

摘自《黃師傅教你簡單做西餐》P.65

麥年式鮭魚排

摘自《黃師傅教你簡單做西餐》P.69

摘自《黃師傅教你簡單做西餐》P.39

蘋果燴豬排

材料
- 蘋果 …………… 1/2粒
- 豬里肌 ………… 150公克

調味料
- 鹽 ……………… 1/8小匙
- 黑胡椒粗粒粉 … 1/4小匙
- 肉汁（作法請參考 P.124）

作法
1 蘋果切除蒂頭及芯，用肉汁澆淋15分鐘，一邊將肉汁澆淋其上，鍋輕壓下醬出現濃度很稠的軟度。
2 豬里肌用肉鎚拍打，然後灑上鹽、黑胡椒粗粒粉煎醃15分鐘。
3 用平底鍋把豬排煎至褐色。
4 豬排擺盤，再將燴好之蘋果肉汁澆淋在豬排上。
5 旁邊用副主食及蔬菜搭配裝飾。

摘自《黃師傅教你簡單做西餐》P.45

夏威夷豬排

材料
- 罐頭鳳梨 ……… 1片
- 紅櫻桃 ………… 1粒
- 豬肉 …………… 150公克

調味料
- 鹽 ……………… 1/8小匙
- 黑胡椒粗粒粉 … 1/4小匙
- 肉汁（作法請參考 P.124）

作法
1 豬里肌肉用肉鎚拍打數下，撒上鹽、黑胡椒粗粒粉醃15分鐘。
2 豬排放入平底鍋煎熟。
3 鳳梨片沾上麵粉，下鍋煎至表面略呈褐色。
4 豬排擺盤後將鳳梨片放在豬排上，再把紅櫻桃放在鳳梨中間，然後淋上少許肉汁。
5 豬排旁邊搭配副主食及蔬菜。

摘自《黃師傅教你簡單做西餐》P.65

鴛鴦牛排

材料
- 菲力牛排 ……… 1磅
- （約454公克）

調味料
- 塔塔荷蘭醬
- （作法請參考 P.130）

作法
1 前一天將塔塔沙司加威士忌酒，放至荷蘭醬裡拌勻。
2 菲力牛排切去筋與油脂，用棉繩綁成圓柱狀，以黑胡椒、鹽調味。
3 綁薯綿繩的菲力牛排上以烤箱中火烘烤，放置烤盤上至褐色，熱度視客人需要而定。
4 烤好後除去棉繩，再切成厚片狀。
5 食用時附上副主食及蔬菜，另以沙司盛盤裝擺醬料附在旁邊。

摘自《黃師傅教你簡單做西餐》P.69

麥年式鮭魚排

材料
- 鮭魚 …………… 1片
- 雞蛋 …………… 1個
- 麵粉 …………… 2小匙
- 白脫油 ………… 3公克
- 義大利香料葉 … 少許
- 白酒 …………… 1小匙

調味料
- 鹽 ……………… 1/8小匙
- 白胡椒 ………… 1/8小匙

作法
1 鮭魚去骨橫切成片狀，撒上鹽與白胡椒調味。
2 平底鍋中先放油熱鍋，鮭魚沾上麵粉之後沾上蛋汁煎熟。
3 將少許白脫油塗抹在魚排上，並撒上義大利香料葉及幾滴白酒。
4 再搭配副主食及蔬菜。

美味書卡

可以剪下來當書籤喔！

蝴蝶明蝦

摘自《黃師傅教你簡單做西餐》P.79

青椒肉絲炒飯

摘自《黃師傅教你簡單做西餐》P.101

培根生菜蕃茄三明治

摘自《黃師傅教你簡單做西餐》P.104

香醇乳酪蛋糕

摘自《黃師傅教你簡單做西餐》P.110

蝴蝶明蝦

材料

明蝦 3尾
（1斤6尾的大小）
白酒 1小匙
雞蛋 1個
巴西利切碎 1/4小匙
培根 2片

作法

1 明蝦去頭去殼留尾，斷筋後划開兩邊肉畫兩刀，（但引畫斷）。
2 雞蛋只取蛋黃，打散。
3 培根先沾薄麵粉再放至蝦肉上，每隻蝦上各放一片培根。
4 將蛋黃液塗在明蝦肉上，再灑少許碎巴西利後以培根包覆蝦肉，下鍋用白脫油煎熟，再加白酒調味裝盤。
5 食用時搭配副主食及蔬菜即可。

青椒肉絲炒飯

材料

洋蔥絲 1大匙
青椒絲 1大匙
豬肉 ...75公克（約2兩）
雞蛋 1個
白飯 1碗
香油 1/4小匙
太白粉 1/4小匙
紅蔥頭豬油.......少許

調味料

醬油 1/2小匙
白胡椒粉 1/8小匙
鹽 1/8小匙

作法

1 洋蔥、青椒切絲。
2 豬肉切絲，以醬油、香油、太白粉拌勻。
3 熱鍋炒蛋，加肉絲、洋蔥炒出香味，再將青椒、白飯加入拌炒，最後加入紅蔥頭豬油炒勻增加香味。

培根生菜番茄三明治

材料

吐司 2片
培根 3片
美生菜 1斤
番茄 ....半個
沙拉醬 1小匙

作法

1 先將培根煎得邊緣脆脆的、蕃茄切成片狀。
2 吐司烤至褐色，抹上白脫油。
3 美生菜拍平（圖a）、抹上沙拉醬，再與蕃茄片、培根放在一片吐司上、上頭覆蓋另一片吐司，沿對角線切成兩等份。

香醇乳酪蛋糕

材料

奶油乳酪 1條（約1公斤）
雞蛋 6個
細砂糖 ....半杯

作法

1 蛋黃蛋白分開。
2 奶油乳酪用攪拌機至完全軟化後再加蛋黃。
3 蛋白打至發泡再加糖（打到以杓子撈起時會呈現小彎鉤狀，看起來硬的即可），再把起司加進來拌勻，裝入蛋糕模。
4 烤箱預熱，烤箱中倒入一杯熱水，用隔水加熱的方式烤，上火200℃、下火200℃約烤40分鐘。
5 出爐前用刀插一下蛋糕再拔出，若刀上有少許沾黏即代表烤得很成功。

美味書卡

可以剪下來當書籤喔！

巧克力蛋糕捲

摘自《黃師傅教你簡單做西餐》P.112

爽健養生茶

摘自《黃師傅教你簡單做西餐》P.115

維也納咖啡

摘自《黃師傅教你簡單做西餐》P.116

肉汁

摘自《黃師傅教你簡單做西餐》P.124

巧克力蛋糕捲

材料

雞蛋8個、低筋粉2杯、沙拉油3/4杯、細砂糖2杯（打蛋白用的糖）、細砂糖3/4杯（打蛋黃用的糖）、蘇打粉1/2大匙、三花奶水1/4杯、鮮奶油1/3杯、可可粉1/2大匙、可可脆片少許

作法

1 蛋白、蛋黃分開。

2 蛋黃加砂糖2杯拌勻，加三花奶水、沙拉油、篩過的低筋麵粉，可可粉、蘇打粉拌勻。

3 烤盤墊上烤盤紙，放入打好的蛋糕糊送進烤箱，以上火190℃、下火180℃烤25分鐘。

4 烤好後取出放置一旁冷卻。

5 鮮奶油打到發泡。

6 放一張蛋糕紙將蛋糕與鮮奶油一起捲成圓條狀，形狀固定後置入冰箱。冰冷後再切成蛋糕捲。

7 以鮮奶油、可可脆片裝飾蛋糕捲。

爽健養生茶

材料

枸杞子……三錢
甘草……一片
紅棗……數顆
蔘鬚……一小束

作法

1 所有材料以冷開水稍微沖洗，裝入玻璃壺中。

2 滾熱的開水沖入壺內，蓋上壺蓋靜置10分鐘後再飲用。

維也納咖啡

材料

發泡鮮奶油
深度烘焙的咖啡豆
砂糖

作法

1 鮮奶油用打蛋器打至發泡，裝入擠花袋。

2 咖啡豆研磨成粉，用咖啡器沖泡出來。砂糖先撒入杯中，再緩緩注入熱咖啡。

3 將擠花袋中的鮮奶油以畫圓圈方式擠出，使其漂浮於咖啡上，不需攪拌。

4 喜歡甜味的人，也可在鮮奶油擠上一些巧克力糖漿，或灑上彩色巧克力米。甜甜的巧克力點綴在雪白的鮮奶油上，能為視覺享受加分喔！

肉汁

材料

雞骨1.5斤、芹菜4兩、洋蔥4兩、大蒜2兩、紅蘿蔔4兩、番茄糊2大匙、番茄汁1杯、義大利香料1大匙、百里香1小匙、月桂葉片（搖碎）、麵粉3大匙

調味料

鹽……1小匙
白胡椒粉……1/8小匙

作法

1 芹菜、洋蔥、紅蘿蔔及番茄用果汁機攪打。

2 雞骨洗淨後烤至褐色。

3 步驟1與2倒入番茄糊及各種香料炒，然後再撒下麵粉炒香。

4 最後加入高湯與番茄汁拌炒均勻，直至散發出香味。

5 用鹽和白胡椒粉稍作調味。

2 2 2 - □□
台北縣深坑鄉北深路三段260號8F

揚智文化事業股份有限公司　　收

□□□-□□
地址：　　市縣　　鄉鎮市區　　路街　段　巷　弄　號　樓
姓名：

Leaves
Publishing

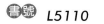 L5110　　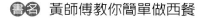 黃師傅教你簡單做西餐

葉子出版股份有限公司
讀・者・回・函

感謝您購買本公司出版的書籍。

為了更接近讀者的想法，出版您想閱讀的書籍，在此需要勞駕您詳細為我們填寫回函，您的一份心力，將使我們更加努力！！

1.姓名：＿＿＿＿＿＿＿＿

2.性別：□男 □女

3.生日／年齡：西元＿＿＿＿ 年＿＿＿月 ＿＿＿日＿＿＿歲

4.教育程度：□高中職以下 □專科及大學 □碩士 □博士以上

5.職業別：□學生□服務業□軍警□公教□資訊□傳播□金融□貿易
　　　　　□製造生產□家管□其他＿＿＿＿＿＿＿

6.購書方式／地點名稱：□書店＿＿＿＿□量販店＿＿＿＿□網路＿＿＿＿□郵購＿＿＿
　　　　　　　　　　　□書展＿＿＿＿＿□其他＿＿＿

7.如何得知此出版訊息：□媒體＿＿＿□書訊＿＿＿□書店＿＿＿□其他＿＿＿＿

8.購買原因：□對書籍內容感興趣□生活或工作需要□其他

9.書籍編排：□專業水準□賞心悅目□設計普通□有待加強

10.書籍封面：□非常出色□平凡普通□毫不起眼

11. E－mail：＿＿＿＿＿＿＿＿＿＿＿＿＿＿＿＿＿＿＿＿＿＿＿＿

12.喜歡哪一類型的書籍：＿＿＿＿＿＿＿＿＿＿＿＿＿＿＿＿＿＿＿

13.月收入：□兩萬到三萬□三到四萬□四到五萬□五萬以上□十萬以上

14.您認為本書定價：□過高□適當□便宜

15.希望本公司出版哪方面的書籍：＿＿＿＿＿＿＿＿＿＿＿＿＿＿＿

16.本公司企劃的書籍分類裡，有哪些書系是您感到興趣的？

□忘憂草（身心靈）□愛麗絲（流行時尚）□紫薇（愛情）□三色堇（財經）
□銀杏（健康）□風信子（旅遊文學）□向日葵（青少年）

17.您的寶貴意見：
＿＿＿＿＿＿＿＿＿＿＿＿＿＿＿＿＿＿＿＿＿＿＿＿＿＿＿＿＿＿＿＿＿＿

☆填寫完畢後，可直接寄回（免貼郵票）。
　我們將不定期寄發新書資訊，並優先通知您
　其他優惠活動，再次感謝您！！